KB123715

스티븐 호킹의 『시간의 역사』 읽기

세창명저산책_089

스티븐 호킹의 『시간의 역사』 읽기

초판 1쇄 인쇄 2021년 10월 28일
초판 1쇄 발행 2021년 11월 5일

_

지은이 곽영직
펴낸이 이방원
기획위원 원당희
편 집 안효희·김명희·정조연·정우경·송원빈·조상희
디자인 손경화·박혜옥·양혜진   **영 업** 최성수   **마케팅** 김준

_

펴낸곳 세창미디어
신고번호 제2013-000003호 **주소** 03736 서울시 서대문구 경기대로 58 경기빌딩 602호
전화 723-8660 **팩스** 720-4579 **이메일** edit@sechangpub.co.kr **홈페이지** http://www.sechangpub.co.kr
블로그 blog.naver.com/scpc1992 **페이스북** fb.me/Sechangofficial **인스타그램** @sechang_official

_

ISBN 978-89-5586-484-7   02440

세창명저산책_089

곽영직 지음

스티븐 호킹의 『시간의 역사』 읽기

세창미디어
M E D I A

스티븐 호킹이 쓴 『시간의 역사』를 처음 읽었을 때 나는 많이 실망했었다. 여러 개념들이 충분히 설명되어 있지 않았고, 내용의 대부분이 아직 실험과 관찰을 통해 충분히 증명되지 않은 것들이었다. 과학사를 큰 흐름으로 다룬 것은 흥미로웠지만 새로울 것이 없다는 생각도 했다. 많은 사람들이 그랬던 것처럼 나도 이 책이 전 세계적으로 큰 성공을 거둔 이유를 알 수 없었다.

그러나 『스티븐 호킹의 《시간의 역사》 읽기』 원고를 준비하면서 이 책을 제대로 다시 읽어 보기로 했다. 첫 줄부터 마지막 줄까지 철저하게 분석하면서 다시 읽기로 한 것이다. 이 책이 큰 성공을 한 이유가 무엇인지 알고 싶었다. 나는 이 책을 새로 편집한다는 자세로 입시 준비를 하는 학생처럼 내용을 정리하면서 읽었다. 이 책을 완독했을 때는 책과 비슷한 분량의 노트가 만들어져 있었다. 그러자 호킹의 마음이 보이기 시작했다. 비록 몸은 휠체어에 묶여 있지만 우주를 종횡무진 누비고 다니면서 블랙홀을 들락거리고, 우주의 시작과 끝을 재단하기도 하고, 블랙홀을 증발시켜 버리기도 하는 그의 마음이 전해져 왔다.

사람들은 전광석화같이 출수하여 상대방을 제압해 버리는 무협소설의 주인공을 좋아한다. 그들의 무공을 이해해서도 아니고, 그것을 사실이라고 믿어서도 아니다. 아무리 강한 적도 쓰러트리는 주인공의 빠른 몸놀림에서 대리만족과 희열을 느낀다. 독자들이 호킹의 『시간의 역사』에서 느끼는 것도 그와 비슷한 것이 아니었을까?

태양계라는 작은 실험실에서 알아낸 일반상대성이론과 양자이론을 전가의 보도처럼 휘둘러 우주의 난제들을 정리해 나가는 그의 모습은 누구에게도 지지 않는 무협지의 주인공을 닮아 있었다. 그의 이론이 항상 옳은 것은 아니어서 때로는 실수를 하기도 하고, 때로는 허황하게 들리는 주장을 하기도 했지만 호킹은 그런 일을 크게 개의치 않았다.

그는 곧 다시 새로운 목표를 설정하고 돈키호테처럼 돌격해 나갔다. 우주가 길러 낸 블랙홀이라는 괴물과 맞서 싸우기 위해서 때로는 무모한 도전도 필요하다고 생각하는 것 같았다. 그는 대부분의 과학자들이 가지고 있지만 벽장에 넣어 두고 있는 불확정성원리와 열역학 제2법칙이라는 무기를 블랙홀이라는 괴물도 공격할 수 있는 강력한 무기로 사용하고 있었다.

이 책이 많은 사람들의 관심을 받게 된 것은 그런 호킹의 활약상이 고스란히 담겨 있기 때문이라는 것을 알게 되었다. 과학의 역사를 다룰 때도 호킹은 세세한 내용에 개의치 않고 몇 마디로 정리해 버리고 넘어가는 대담함을 보여 주었다. 아리스토텔레스를 비롯해, 코페르니쿠스, 갈릴레이, 케플러, 그리고 뉴턴까지도 서너 줄이면 충분했다. 항상 우주와 블랙홀을 마음에 품고 있던 호킹에게 과학사학자들이 중요하게 생각하는 자질구레한 사건들은 일일이 언급할 가치가 없어 보였을 것이다.

그럼에도 불구하고 허시간이나 파인만의 역사합산, 그리고 양자중력이론과 같은 개념에 대한 설명이 충분하지 않은 것은 아쉬운 부분이었다. 이 책에서 차지하는 중요성에 비해, 그리고 저자가 누차 강조한 것을 감안하면 이 부분에 대해서는 좀 더 친절한 설명이 필요했다. 양자중력이론의 중요성은 누차 강조하면서도 정작 이에 대해서는 아직 그 희미한 그림자조차 보이지 않는다는 말로 자세한 설명을 대신한 것은 특히 아쉬운 대목이다. 아직 확실한 실체가 드러나지는 않았다 해도 최근에 있었던 다양한 노력들에 대해 설명했더라면 좋았을 것이다. 끈이론이나 p-브레인에 대한 설명 역시 충분하다고 할 수 없다. 이 책이 어렵게 느껴지는 것은 이 때문일 것이다.

일반인들을 위한 과학책을 쓰는 사람들은 대개 쉽고 재미있는 책을 쓰려고 노력한다. 그런데 『시간의 역사』는 쉽지도 않고 재미있다고 할 수도 없다. 그것은 쉽고 재미있는 책이 성공을 거두는 것이 아님을 나타낸다. 사실 쉽고 재미있는 과학책은 없다. 과학책은 어렵지 않으면 시시하다. 과학의 내용은 그것을 이해하고 있는 사람에게는 시시하게 보이고, 그것을 이해하지 못하는 사람에게는 난공불락의 요새처럼 느껴지기 때문이다.

따라서 이미 알고 있는 이야기는 재미있게 써 놓아도 시시한 이야기밖에 되지 않고, 이해할 수 없는 이야기는 어려운 책이 될 수밖에 없다. 책을 통해 어렵다고 느껴졌던 내용 중 일부를 새롭게 알게 해 준다면 그 책은 성공한 책이라고 할 수 있다. 그러나 그런 경우에도 시시한 책이 되지 않으려면 이해할 수 없는 부분을 남겨 두어야 한다. 이 책이 그토록 많은 사람들의 관심을 끌게 된 것은 허시간, 역사합산, 양자중력이론과 같은 내용을 이해할 수 없도록 남겨 놓아 시시한 책이 되지 않도록 했기 때문인지도 모른다.

이 책에서 다루고 있는 온도는 특별히 명시하지 않은 경우 모두 절대온도를 나타낸다. 절대온도는 온도를 나타내는 숫자 뒤에 K를 써서 표기하는 것이 일반적이지만 여기서는 '도'라는 단위로 나타냈다. 우리가 일상생활에서 사용하는 섭씨온도(℃)와 절대온도 사이에는 273도의 차이가 있지만 수천 도나 수백만 도를 이야기하는 경우 섭씨온도와 절대온도를 구별할 필요가 없다. 따라서 많은 경우 도로 표시된 온도를 섭씨온도로 이해해도 되고 절대온도로 이해해도 된다.

2021. 10.

곽영직

1장
저자에 대하여

스티븐 호킹Stephen Hawking은 갈릴레이가 죽은 후 300년이 되는 날인 1942년 1월 8일에 영국 옥스퍼드 의학 연구소의 연구원이던 아버지의 3남매 중 맏아들로 태어났다. 호킹은 10살이었던 1952년부터 세인트 알반스 학교에 다니면서 불꽃놀이를 제작하기도 했으며, 비행기나 배의 모형도 만들었다. 그리고 기독교와 초감각에 대한 토론에도 참여했고, 선생님의 도움을 받아 시계나 전화기, 그리고 가전제품의 부품들을 이용해 계산기를 만들기도 했다. 부모님은 의학을 공부하기를 바랐지만, 물리학을 공부하고 싶어 했던 호킹은 17살이던 1959년에 옥스퍼드에 있는 유니버시티 칼리지의 물리학과에 입학했다. 대학에 다니는 동안 호킹은 보트 클럽의 키잡이로 활동하는 등 매우 활발한 대학 생활을 보냈다.

대학을 졸업한 후 친구와 함께 이란을 여행하고 돌아온 호킹은 1962년 10월에 케임브리지대학의 대학원에 진학하여 물리학을 공부하기 시작했다. 대학원에 진학한 다음 해에 그는 뇌와 척수의 운동신경이 손상되는 루게릭병이라고도 부르는 근위측성측색경화증 진단을 받았다. 호킹이 몸의 이상을 느낀 것은 대학에 다닐 때부터였다. 이유 없이 계단에서 넘어지기도 하고, 노를 젓는 데 어려움을 느끼기도 했다.

대학원에 진학한 후에는 말이 어눌해지는 것을 느끼기도 했다. 크리스마스 때 만난 가족들이 호킹의 건강에 이상이 있음을 직감하고 의사의 진단을 받도록 했다. 의사는 호킹이 2년밖에 더 살 수 없을 것이라고 했다. 호킹이 21살이던 1963년의 일이었다. 루게릭병의 진단을 받은 호킹은 공부와 삶에 대한 의욕을 잃고 공부를 중단했다. 그러나 의사의 진단과는 달리 그의 병은 천천히 진행되었고, 오히려 약간 호전되기도 했다.

호킹은 루게릭병을 진단받은 다음 해에 파티에서 제인 월데를 만나 사랑에 빠졌고, 1964년에 약혼했다. 호킹은 후에 월데와의 약혼이 실의에 빠져 있던 그가 다시 공부를 시작할 수 있도록 힘을 주었다고 회상했다. 그들은 1965년 7월 14일에 그들의 고향인 세인트 알반스에서 결혼했다. 월데와의 결혼과 지도교수의 격려에 힘을 얻은 호킹은 다시 대학원 공부를 시작했다. 월데가 런던에 있는 웨스트필드칼리지의 석사학위 과정에 있는 동안 두 사람은 주말부부로 생활했지만 함께 여행도 자주 했으며, 물리학 관련 학술회의에도 참석했다. 두 사람은 1남 2녀의 자녀를 두었다.

호킹이 대학원에 다니는 동안에 빅뱅 우주론의 증거라고 할 수 있는 마이크로파 배경복사가 발견되어 빅뱅 우주론에 대한 과학자들과 대중들의 관심이 고조되었다. 별이 붕괴하여 만들어지는 블랙홀 중심에 특이점이 형성되어야 한다는 것을 이론적으로 증명한 로저 펜로즈의 연구에 고무된 호킹은 펜로즈가 블랙홀에서 얻은 결론을 우주의 시작점인 빅뱅 특이점에 적용하는 연구로 1966년 3월에 박사학위를 받았다.

그러나 호킹의 건강 상태는 더욱 나빠져 목발 없이는 걸을 수 없게 되었고, 글을 쓸 수 있는 능력 역시 현저하게 저하되었다. 그럼에도 불구하고 호킹은 불구를 이유로 양보나 편의를 제공

받는 것을 무척 싫어했다. 그는 사람들이 자신을 보통 이웃 사람처럼 대해 주기를 바랐다. 후에 그의 아내는 "어떤 사람은 이것을 자신감이라고 말하고, 어떤 사람은 이것을 고집이라고 말하겠지만, 나는 이것을 두 가지 모두이거나 두 가지 모두가 아니라고 생각한다."라고 말했다. 호킹은 동료들과 잘 지내는 편이었지만 불구와 그의 무뚝뚝한 성격으로 인해 그를 멀리하는 사람들도 있었다. 1960년대 말부터는 호킹은 주위 사람들의 권유를 받아들여 휠체어를 사용하기 시작했다.

박사학위를 받은 후 대학원에서 연구했던 특이점 이론을 발전시킨 호킹은 1970년에 펜로즈와 공동으로 일반상대성이론과 알렉산더 프리드만이 제안한 팽창하는 우주 모형에 따르는 우주는 특이점에서 시작되었어야 한다는 것을 증명한 논문을 발표했다. 같은 해에 호킹은 블랙홀의 사건의 지평선은 줄어들 수 없다는 블랙홀 역학 제2법칙을 제안했다. 호킹은 제임스 바딘, 그리고 브랜던 카터와 함께 열역학 법칙들과 유사한 네 가지 블랙홀 역학 법칙을 제안했다.

1970년대 초에 호킹은 어떤 형태의 별로부터 만들어지더라도 블랙홀은 질량과 전하, 그리고 회전에 의해서 완전히 기술될 수 있다고 한 존 휠러의 '블랙홀은 털을 가지고 있지 않다.'는 무모정리를 증명하는 연구에 집중했다. 1971년에 호킹은 조지 엘리스와 공동으로 『시공간의 거대 구조』라는 책을 써서 1973년에 출판했다. 이 책을 출판한 후부터 호킹은 양자역학과 양자중력에 대한 연구를 시작했다.

모스크바를 방문하는 동안 소련의 과학자 야코프 젤도비치와 알렉세이 스타로빈스키와의 토론에서 영감을 얻은 호킹은 블랙홀이 복사선을 방출할 가능성에 대한 연구를 시작했다. 1974년에 그는 양자역학의 불확정성원리를 바탕으로 블랙홀이 복사선을 방출하고, 결국은 증발해 버린다고 주장한 논문을 발표했다. 처음에는 이 논문에 대한 반론이 많이 제기되었지만, 1970년대 후반에 이에 대한 더 많은 연구가 진행되어 호킹의 결론을 지지하는 논문들이 발표되자 호킹의 복사선은 이론 물리학의 중요한 발견으로 인정받았다. 호킹 복사선에 관한 논문을 발표하고 몇 주 후에 그는 왕립협회의 연구원으로 선출되었다.

1974년에 미국 캘리포니아공과대학(칼텍)의 방문 교수로 초빙되어 가족과 함께 1년 동안 패서디나로 간 호킹은 칼텍의 교수였던 킵 손과 백조자리에서 관측된 강한 엑스선원인 시그너스 X-1이 블랙홀인지에 대해 내기를 했다. 시그너스 X-1이 블랙홀이 확실하다고 믿었던 호킹은 블랙홀이 아니라는 쪽에 내기를 걸었다. 혹시 블랙홀이 아닐 경우 내기에 이긴 것으로 위안을 받기 위한 것이었다. 1990년 호킹은 내기에 졌음을 인정했다. 그 후 호킹이 여러 명의 과학자들과 다양한 주제를 놓고 한 내기들이 사람들의 관심을 끌기도 했다.

호킹이 칼텍의 방문 교수로 갈 때 호킹의 아내는 대학원생이나 박사후 연구생이 가족과 함께 동행해 호킹을 돕도록 하자고 제안했다. 호킹이 이 제안을 받아들여 버나드 카라는 학생이 패서디나에서 호킹의 가족과 함께 생활했다. 이로 인해 호킹의 가족들은 1년 동안 패서디나에서 모두가 만족한 생활을 할 수 있었다.

1975년에 호킹 가족은 케임브리지로 돌아왔다. 그들이 케임브리지로 돌아온 후에는 칼텍에서 알게 된 돈 페이지라는 대학원 학생이 호킹 가족과 함께 생활하면서 호킹의 연구 조교 겸 비서 역할을 했다. 페이지의 도움으로 여유가 생긴 월데는 다시 박사학위 논문 연구를 시작했고 새로운 취미 생활을 즐길 수 있게 되었다. 월데는 1981년에 중세 스페인 시에 대한 연구로 웨스트필드대학에서 박사학위를 받았다.

호킹이 케임브리지로 돌아온 1970년대 중반에는 일반인들도 블랙홀과 블랙홀을 연구하는 과학자들에게 큰 관심을 가지게 되었다. 호킹은 신문이나 텔레비전에서 블랙홀에 대해 해설하는 일이 많아졌다. 1975년과 1976년에 호킹은 에딩턴 메달, 피우스 X1 금메달, 대니 하이네만 상, 맥스웰 메달, 휴스 메달을 받았고, 1977년에는 케임브리지 대학 중력 물리학과 학과장이 되었다. 다음 해에는 알버트 아인슈타인 메달을 받았고, 옥스퍼드 대학으로부터는 명예 박사학위를 받았다.

1979년에 호킹은 케임브리지대학의 루카스 석좌교수로 임명되었다. 루카스 석좌교수는 아이작 뉴턴과 양자역학 성립에 크게 기여한 폴 디랙이 거쳐 간 자리였다. 그러나 그 해부터 건강이 악화되어 가정 간호 서비스를 받아야 했다. 이때부터 그의 연구는 수학적인 증명보다는 직관적이고 사변적인 방향으로 바뀌었다.

1981년에 호킹은 블랙홀이 증발될 때 정보도 사라진다고 주장했다. 양자이론의 기본적인 원리에 어긋나는 호킹의 주장은 여러 해 동안 계속된 블랙홀 논쟁에 불을 지폈다. 2003년경에는 블랙홀의 정보 상실에 대한 호킹의 주장이 옳지 않다고 주장하는 물리학자들이 많아졌다. 그러나 호킹은 블랙홀의 정보 상실에 대한 자신의 주장이 실수였다고 인정한 것은 2014년이었다.

1970년대 말부터 호킹은 전동 휠체어를 사용했고, 발음이 정확하지 않아 가족이나 가까운 친구들 이외에는 그의 말을 알아들을 수 없게 되었다. 따라서 다른 사람과 소통하려면 그의 발음을 이해할 수 있는 사람이 통역을 해 주어야 했다. 대학에 있는 연구실에 가기 위해 설치한 램프의 비용을 누가 지불하느냐 하는 문제로 대학과 논쟁을 벌였던 호킹 부부는 케임브리지가 장애인을 위한 시설을 확충하라는 캠페인을 벌이기도 했다.

이때 호킹은 장애인들을 돕는 활동을 하면서도 장애인으로 취급 받기를 싫어하는 이중적인 태도를 보였다. 호킹이 장애인을 위해 해야 할 자신의 역할을 받아들이고 장애인을 위한 활동에 적극적으로 참여하기 시작한 것은 1990년대 말부터였고, 2000년대에는 다양한 장애인을 위한 활동을 벌였다.

1981년에 미국 MIT대학의 앨런 구스가 빅뱅 직후에 우주가 급속하게 팽창한 인플레이션 단계가 있었다고 제안한 후 호킹은 케임브리지대학에서 인플레이션 이론을 다룬 워크숍을 개최했다. 우주의 기원에 양자이론을 적용하는 연구를 시작한 호킹은 그해에 바티칸에서 개최된 학술회의에서 우주에는 시작이나 경계가 없을 수도 있다는 연구 결과를 발표하기도 했다.

짐 하틀과 공동으로 이 연구를 발전시킨 호킹은 1983년에 빅뱅 이전에는 시간이 존재하지 않았기 때문에 우주의 시작이라는 개념은 의미가 없으며, 플랑크 시기 이전 우주에는 아무런 경계를 가지지 않는다는 새로운 우주 모형을 제안했다. 더 이상 북쪽으로 갈 수 없는 북극도 지구 표면에 있는 다른 점과 똑같은 하나의 점에 불과해 거기에 아무런 경계도 없는 것과 같다는 것이다.

1985년에 호킹은 무경계 제안이 옳다면 우주는 팽창을 멈추고 다시 수축할 것이며, 그렇게 되면 시간이 거꾸로 흐르게 될 것이라는 연구 결과를 발표했다. 다시 말해 수축 단계에서는 시간이 흐름에 따라 엔트로피가 감소한다는 것이다. 그러나 돈 페이지와 레이몬드 라플라메가 수축 단계에서도 시간이 흐름에 따라 엔트로피가 증가할 것임을 증명한 후 호킹은 자신의 주장을 철회했다. 1981년과 1982년에 호킹은 미국 프랭클린 메달과 영국 3등급 훈장을 받았다. 호킹은 왕립 천문학회의 골드메달, 폴 디랙 메달을 받았고, 펜로즈와 공동으로 울프상을 수상하기도 했으며, 여러 대학으로부터 5개의 명예박사 학위를 받기도 했다.

연구 업적이 학계의 인정을 받아 많은 상들을 수상하면서 유명인사가 되었지만, 늘어나는 치료비와 자녀들의 교육비로 인해 경제적으로 어려움을 느끼고 있던 호킹은 1983년부터 일반인들에게 우주론을 설명하는 교양 과학책을 쓰기로 했다. 여러 번의 수정 과정을 거쳐 1988년에 출판된 『간단한 시간의 역사*A Brief History of the Time*』는 큰 성공을 거두어 과학책 역사의 새로운 장을 열었다.

1985년 호킹이 프랑스와 스위스의 국경에 설치되어 있는 CERN(유럽핵공동연구소)를 방문하고 있는 동안 폐렴에 걸려 목숨이 위태로운 지경에 이르렀다. 월데가 생명 연장 장치 제거를 거부한 덕분에 목숨을 살릴 수는 있었지만 기관지 절제술을 받아야 했고, 조금 남아 있던 언어능력마저 완전히 상실하게 되었다. 국립 의료 서비스는 요양원에 입원할 것을 권유했지만 월데는 집에서 간호하기로 했다.

　기관지 절제 수술로 언어 능력을 완전히 상실한 호킹은 스펠링 카드의 글자를 선택해서 다른 사람들과 의사소통을 했다. 그러나 1986년부터는 컴퓨터를 사용했다. 호킹이 손으로 스위치를 눌러 미리 입력되어 있는 목록에서 구문이나 단어를 선택하면 음성 합성 장치가 음성으로 바꾸어 전달했다. 처음에는 탁상용 컴퓨터를 사용했지만 후에는 휠체어에 달린 컴퓨터를 좀 더 편리하게 사용할 수 있게 되었다. 컴퓨터 프로그램과 음성 합성장치 덕분에 통역해 줄 사람이 필요 없게 된 호킹은 언어능력을 완전히 상실하기 전보다 더 쉽게 다른 사람들과 의사소통을 할 수 있게 되었다. 호킹은 손으로 1분에 15단어를 선택할 수 있었다.

　1980년대에 호킹의 결혼 생활은 위험한 국면을 맞이했다. 월데는 집을 드나드는 간호사들과 조교들로 인해 가정생활이 침해를 받는다고 느끼기 시작했고, 호킹이 유명해짐에 따라 사람들의 주목을 받는 것을 부담스러워했다. 교회에 대해 냉담한 호킹의 태도 역시 독실한 기독교 신자였던 월데의 마음을 아프게 했다. 1985년에 기관지 절제술을 받은 후에는 간호사들이

하루 3교대로 호킹을 보살폈다. 호킹은 간호사 중 한 사람인 일레인 메이슨과 가까워지기 시작했다. 1990년 2월 호킹은 윌데와 별거에 들어갔고, 1995년에 이혼했다. 윌데와 이혼한 호킹은 그 해 메이슨과 재혼했다.

1993년에 호킹은 그레이 기본스와 공동으로 유클리드 양자 중력에 관한 책을 편집했고, 블랙홀과 빅뱅에 관한 자신의 논문을 모은 책을 출판하기도 했다. 1994년에 케임브리지의 뉴턴 연구소에서 호킹과 펜로즈가 했던 여섯 번의 강의를 모아 1996년에 『시간과 공간의 성격』이라는 책으로 출판했다. 1992년에는 스티븐 스필버그가 제작하고 에롤 모리스가 감독한 『간단한 시간의 역사』라는 제목의 영화가 개봉되었다. 이 영화는 호킹의 일생을 다룬 자서전적인 영화였다. 1993년에는 『블랙홀과 아기 우주』라는 책과 다른 에세이들이 출판되었고, 『스티븐 호킹의 우주』라는 제목의 6편으로 구성된 텔레비전 시리즈가 제작되었다.

2001년에 호킹은 또 다른 일반인들을 위한 과학 서적인 『호두껍질 속의 우주』를 출판했고, 2005년에는 레오나르드 플로디노프와 공동으로 『간단한 시간의 역사』를 좀 더 쉽게 정리한

『더 간단한 시간의 역사』를 출판했으며, 2006년에는 『신이 정수를 창조했다』를 출판했다.

2006년부터 호킹은 CERN의 토마스 헤르토, 그리고 짐 하틀과 함께 우주는 하나의 초기조건이 아니라 여러 가지 다른 초기조건을 가질 수 있으며, 따라서 특정한 초기조건으로부터 현재의 우주를 예측하는 이론을 만들려는 것은 적절하지 않다고 주장했다. 그들은 현재의 우주는 많은 가능한 우주 역사들이 중첩된 결과이기 때문에 현재 우주가 지적인 생명체가 존재할 수 있도록 정밀하게 조정되어 있다는 인류원리에 의존하지 않고도 우주의 현재 상태를 설명할 수 있다고 주장했다.

호킹은 1964년 피터 힉스가 입자들에게 질량을 부여하는 힉스 장을 설명하기 위해 제안한 힉스 보손이 절대로 발견되지 않을 것이라고 주장하고 내기를 걸었다. 호킹과 논쟁을 벌였던 힉스는 호킹의 유명세 때문에 자신이 논쟁에서 항상 불리한 위치에 있을 수밖에 없었다고 호소했다. 2012년 7월 CERN의 LHC(대형강입자충돌기)를 이용한 실험에서 힉스 보손이 발견되자, 호킹은 자신의 주장을 철회하고 힉스가 노벨상을 받을 것이라고 예측했다. 힉스는 2013년에 노벨 물리학상을 받았다.

재혼한 후 호킹으로부터 소외당하고 있던 가족들과 친지들이 2000년대 초에 호킹이 메이슨으로부터 육체적으로 학대를 받고 있다고 주장하고 경찰의 수사를 의뢰했다. 그러나 호킹의 강력한 요청에 의해 경찰 수사는 중단되었다. 2006년에 메이슨과 조용히 이혼한 호킹은 월데, 아들과 딸, 그리고 손주들과 다시 가깝게 지내게 되었다.

호킹이 더 이상 손을 사용할 수 없게 되자 2005년부터는 그의 컴퓨터를 볼 근육을 이용해 움직여야 했기 때문에 1분에 한 단어를 선택하는 정도로 의사소통 능력이 저하되었다. 이로 인해 폐소공포증 증세가 나타나자 호킹은 인텔 연구원들과 함께 뇌의 활동이나 얼굴 형상을 인식하여 스위치를 작동하는 연구를 시작하기도 했다. 그러나 새로운 의사소통 시스템에 대한 연구가 계획대로 진행되지는 않아 이전에 사용하던 의사소통 시스템을 개선한 장치를 계속 사용해야 했다.

2006년에 호킹은 BBC와의 인터뷰에서 그가 가장 이루고 싶은 것들 중 하나가 우주여행이라고 말했다. 이 이야기를 전해 들은 리처드 브랜슨이 버진 갤럭틱 호를 이용한 우주여행을 무료로 제공하겠다고 제안했고, 호킹은 이를 받아들였다. 개인적인 소원을 위해서뿐만 아니라 우주여행에 대한 일반인들의 관심을 높이고, 장애인들의 잠재적인 능력을 보여 주기 위해 우주여행을 하고 싶어 했다.

호킹은 2007년 4월 26일 무중력 체험을 위해 개조된 보잉 727 여객기를 이용해 플로리다 해변 상공에서 무중력 체험을 했다. 이 비행기가 8번의 포물선 비행을 하는 동안 호킹은 우주여행을 위해 견뎌야 하는 중력을 충분히 견딜 수 있다는 것을 증명했다. 호킹의 우주여행은 2009년 초로 예정되어 있었지만 그가 세상을 떠날 때까지 상업적 우주여행이 시작되지 않아 실현되지는 못했다.

2007년에 호킹은 그의 딸 루시와 함께 어린이들을 위한 이론 물리학 책인『조지의 비밀 우주 열쇠』라는 책을 출판했다. 이 책에는 호킹의 가족과 비슷한 인물들이 등장한다. 이 책은 2009년, 2011년, 2014년, 2016년에 후속 편이 출판되었다. 2002년에 호킹은 BBC가 선정한 100명의 영국인에 포함되었고, 2006년에는 왕립협회가 주는 코플리 메달을 받았으며, 2009년에는 미국 대통령 자유 메달을 받았고, 2013년에는 러시아의 특별 기초 물리학상을 수상했다.

2009년부터 호킹이 더 이상 혼자서 휠체어를 조종할 수 없게 되자 그를 위해 의사소통 프로그램을 만든 사람들이 볼 근육을 이용해 조종하는 휠체어를 만들었다. 그러나 목을 움직일 수 없었던 호킹에게는 볼 근육으로 휠체어를 조종하는 것이 쉽지 않아 자주 사용하지는 못했다. 말년에 그는 호흡 곤란까지 와서 자주 인공호흡기를 사용해야 했으며, 정기적으로 병원에 입원해야 했다.

호킹은 2018년 3월 14일에 케임브리지에 있는 자택에서 평화롭게 세상을 떠났다. 4일 후 평창에서 열린 패럴림픽 폐막식 연설에서 국제 패럴림픽 조직위원회 위원장인 앤드류 파슨스가 호킹에 대한 조의와 존경을 표했다. 호킹의 장례식은 3월 31일 케임브리지에 있는 성 메리 교회에서 거행되었고, 화장된 그의 유해는 뉴턴과 다윈의 묘 가운데 묻혔다.

호킹은 육체적으로는 휠체어를 벗어날 수 없었던 불구자였지만 우주를 품을 수 있는 큰 영혼을 가진 사람이었다. 그가 증명한 이론들이나 우주 모형들이 실험이나 관찰을 통해 증명되지는 못했지만, 그는 점심시간에 동료들과 빅뱅과 블랙홀 특이점을 농담처럼 이야기할 수 있었던 몇 안 되는 사람들 중 한 사람이었다.

우리는 호킹을 통해 인간 능력의 무한함과 인간 정신의 위대함을 실감할 수 있다. 우주의 크기와 비교하면 티끌보다도 작은 것이 우리가 살고 있는 지구이고, 인간이지만 인간의 정신은 우주를 그 안에 품을 수 있을 만큼 크고 넓다는 것을 호킹이 보여 주었다. 인간적인 약점과 실수에도 불구하고 그는 불굴의 인간 정신을 대표하는 사람으로 오랫동안 기억될 것이다.

2장
『간단한 시간의 역사』에 대하여

    스티븐 호킹이 쓴 『간단한 시간의 역사*A Brief History of the Time*』
는 1988년에 처음 출판되었다. 이 책은 물리학에 대한 사전 지
식이 없어도 우주에 대해 알고 싶어 하는 사람이라면 누구나
읽을 수 있도록 쓴 교양 과학책이다. 전문 용어의 사용을 가급
적 자제하고, 수식을 사용하지 않으면서 우주의 구조와 기원을
설명한 이 책에는 시간과 공간, 우주를 구성하는 기본 입자들
과 이 입자들 사이의 상호작용, 그리고 블랙홀과 관련된 연구
결과들이 정리되어 있다.

    이 책에는 또한 현재 우리가 가지고 있는 자연 현상을 분석하
는 기본 이론인 일반상대성이론과 양자역학을 설명하고, 이 두

가지 이론이 우주 초기 상태를 다루는 데 실패하고 있다는 것을 지적하고, 두 이론을 통합한 통일이론의 가능성에 대해 이야기했다. 그는 또한 아직 그 모습을 드러내지 않고 있는 두 이론을 통합한 양자중력이론이 포함해야 할 특성들에 대해서도 다뤘다.

이 책과 관련해 1983년에 호킹과 처음 접촉한 출판사는 케임브리지 유니버시티출판사였다. 그러나 이 책을 출판한 것은 유니버시티출판사가 아니라 거액의 인세를 미리 지불한 미국의 대형 출판사인 반탐 북스였다. 호킹이 처음 작성한 초고에는 많은 방정식들이 포함되어 있었다. 그러나 포함되어 있는 많은 방정식들이 독자들을 멀어지게 할 것이라고 생각한 편집자는 호킹에게 모든 방정식을 삭제해 달라고 요청했다.

편집자의 수정 요구를 불쾌하게 생각했지만 호킹은 결국 방정식을 모두 삭제한 새로운 원고를 준비했다. 호킹은 이 책에 실린 감사의 글에서 방정식 하나가 독자를 반으로 줄어들게 할 것이라는 편집자의 충고를 받아들여 $E=mc^2$을 제외한 모든 식을 삭제했다고 말했다. 그 대신 이 책에는 내용을 이해하는 데 도움을 주는 다양한 모형과, 도표, 그리고 그림들이 실려 있다.

이 책을 쓰고 있던 중인 1985년 8월에 프랑스와 스위스의 국경에 설치되어 있는 CERN을 방문하고 있던 호킹이 폐렴에 걸려 기관지 절제술을 받아야 했고, 이로 인해 언어능력을 완전히 상실하게 되었다. 다행스럽게도 미리 받은 인세가 질병 치료에 큰 도움이 되었지만, 언어능력을 상실한 호킹은 컴퓨터 프로그램과 음성 합성장치를 이용해 다른 사람들과 소통해야 했다.

『간단한 시간의 역사』는 1988년 4월에 미국에서 먼저 출판되었고, 6월에는 영국에서도 출판되었다. 이 책은 출판되자마자 미국과 영국에서 베스트셀러 목록에 올랐고, 여러 달 동안 그 자리를 지켰다. 『선데이타임즈』 베스트셀러 목록에는 237주 동안 올라 있었다. 40여 개 언어로 번역된 이 책은 900만 권 이상 팔려 1980년에 출판된 칼 세이건의 『코스모스』의 판매부수 기록을 뛰어넘었다.

『간단한 시간의 역사』가 큰 성공을 거두자 많은 사람들이 성공한 이유를 찾기 위해 이 책을 분석했다. 이 책은 일반 독자들을 위해 쉽게 썼다고 하지만 실제로는 쉽게 이해할 수 있는 책이 아니다. 이 책을 산 사람들 중 이 책을 끝까지 읽은 사람들은 2%에 불과할 것이라는 이야기가 나올 만큼 어려운 내용을 다루고 있다. 따라서 이 책이 큰 성공을 거둔 것은 우주를 시작한 빅뱅만큼이나 이해하기 어려운 일이라고 말하는 사람들도 있다.

사람들은 다른 사람들의 마음속을 들여다보는 것을 좋아한다. 다른 사람들은 어떤 생각을 하면서 살아가는지 알고 싶기 때문이다. 특히 그 사람이 몸은 휠체어에 갇혀 있으면서도 우주를 마음속에 품고 살아간 사람이라면 더욱 그 사람의 마음속을 알고 싶어 할 것이다. 다른 사람의 마음을 들여다볼 수 있는 가장 좋은 방법이 그가 쓴 책을 읽는 것이다. 책에는 쓴 사람의 마음이 고스란히 드러나 있다. 사람들이 호킹의 책에 열광한 것은 그가 하는 우주와 블랙홀 이야기를 듣고 싶기 때문이기도 하지만 그의 마음속을 들여다보고 싶기 때문이기도 할 것이다.

따라서 이 책을 끝까지 읽지 못해서, 내용을 모두 이해하지는 못한다고 해도 서문과 우주론의 역사를 다룬 앞부분을 읽은 것만으로도 우주의 시작이나 블랙홀과 같이 우리가 감히 넘볼 수 없는 영역을 거침없이 드나드는 호킹의 마음을 충분히 느낄 수 있을 것이다. 이 책이 사람들의 관심을 끌게 된 것은 우주론

자체에 대한 관심과 함께 호킹이라는 사람에 대한 관심이 컸기 때문이었을 것이다.

1996년에 출판된 『그림을 포함하고 있는 간단한 시간의 역사』는 다음과 같은 제목의 12장으로 구성되어 있다.

제1장 우리의 우주관: 지구가 우주의 중심이라고 생각했던 아리스토텔레스부터 팽창하고 있는 우주를 다루는 현대 우주론에 이르는 우주관 변천의 역사

제2장 공간과 시간: 절대공간과 절대시간이 상대적인 물리량으로 바뀌어 휘어진 시공간을 형성하기까지의 역사

제3장 팽창하는 우주: 우주가 팽창하고 있다는 사실을 밝혀 낸 허블의 관측과 일반상대성이론을 이용해 우주의 팽창을 예측한 프리드만의 우주 모형

제4장 불확정성 원리: 입자의 위치와 속력을 동시에 정확하게 결정하는 것이 불가능하다는 불확정성의 원리로 인해 빈 공간에도 에너지의 요동이 있어야 한다.

제5장 기본 입자들과 자연에 존재하는 힘들: 우주를 이루고 있는 기본 입자들과 입자들 사이에 작용하는 힘들의 종류, 그리고

힘들을 통합한 통일이론들

제6장 블랙홀: 질량이 큰 별이 일생의 마지막 단계에 중력 붕괴로 인해 만들어지는 블랙홀과 블랙홀 특이점의 정체가 밝혀지는 과정

제7장 호킹 복사선: 블랙홀의 사건의 지평선 부근의 빈 공간에서 일어나는 에너지 요동으로 생성된 입자들에 블랙홀에서도 복사선이 나올 수 있음이 밝혀진다.

제8장 우주의 기원과 운명: 빅뱅 특이점에서 시작되어 인플레이션 단계를 거친 우주가 앞으로 맞이하게 될 미래 운명의 여러 가지 가능성을 알아본다.

제9장 시간의 화살: 열역학적 시간의 화살, 심리적인 시간의 화살, 그리고 우주가 팽창하는 방향으로 진행되는 시간의 화살이 같은 방향을 가리키는 이유

제10장 웜홀과 시간 여행: 휘어진 시공간에 웜홀이 만들어질 수 있으며 이를 통한 시간 여행이 가능할까? 왜 미래에서 온 여행자를 만날 수 없는 것일까?

제11장 물리학의 통일: 인간의 행동을 포함하여 우주에서 일어나는 모든 것을 설명할 수 있는 통일이론은 가능할까? 그런

이론은 어떤 특성을 가지고 있어야 할까?

제12장 결론: 완전한 통일이론이 발견되면 과학자들뿐만 아니라 철학자와 일반인들이 함께 우주에 대해 토론할 수 있게 될는지도 모른다.

1988년에 초판이 출판된 후 호킹의 일생을 다룬 영화, 텔레비전 시리즈, 2차례의 개정판이 출판되었고, 이 책의 후속편 격인 『호두껍질 속의 우주』도 출판되었다. 1988년에 출판된 초판에는 『코스모스』의 저자인 미국의 천문학자 칼 세이건이 쓴 서문이 실려 있었고, 호킹은 감사의 글만 실었다. 그러나 이 책의 개정판부터는 세이건의 서문 대신 호킹이 쓴 서문이 실려 있다.

초판에 실린 서문에서 세이건은 그가 호킹의 왕립협회 연구원 입회식에 참관하게 된 일화를 소개했다. 1974년에 열렸던 학술회의에 참석하기 위해 런던을 방문 중이던 세이건은 회의 도중 쉬는 시간을 이용하여 여기저기 둘러보다가 우연히 한 방에서 호킹의 왕립협회 연구원 입회식이 진행되는 것을 목격했다.

휠체어를 타고 있던 호킹이 앞쪽에 뉴턴의 사인이 들어 있는 책에 자신의 서명을 하고 있었다. 세이건은 그때 이미 전설이었던 호킹이 그보다 앞서 루카스 석좌교수를 지냈던 아이작 뉴턴과 폴 디랙의 훌륭한 계승자라고 그를 소개했다. 『간단한 시간의 역사』는 우리나라에서 『시간의 역사』라는 제목으로 번역 출판되었다.

1991년에는 『간단한 시간의 역사』라는 제목의 영화가 만들어졌다. 호킹은 이 영화를 과학적 내용을 다룬 영화로 만들고 싶어 했지만, 제작자와 감독의 뜻대로 호킹의 일대기를 다룬 영화로 만들어졌다. 따라서 이 영화는 제목과는 달리 책의 내용을 주제로 한 영화는 아니었다. 1994년에는 호킹과 짐 베르비스, 그리고 로빗 헤어만이 공동으로 제작한 『간단한 시간의 역사—상호작용하는 모험』이라는 제목의 영상물이 만들어졌다.

1996년에는 『그림이 포함된 간단한 시간의 역사*The Illustrated Brief History of the Time*』라는 제목의 개정판이 출판되었다. 이 개정판에는 초판에 포함되지 않았던 일부 내용이 추가되었고, 내용의 이해를 돕기 위해 그림과 도표가 추가되었으며, 두꺼운 표지로 제본한 양장본으로 출판되었다. 이 책은 우리나라에서 『그림으로 보는 시간의 역사』라는 제목으로 1998년에 번역 출판되었다. 1998년에는 내용은『그림이 포함된 간단한 시간의 역사』와 같지만 그림과 도표의 수를 크게 줄이고, 얇은 종이 표지로 제본된 초판 10주년 기념판이 출판되었다.

2001년에는『간단한 시간의 역사』의 후속편이라고 할 수 있는『호두껍질 속의 우주*The Uinverse ina Nutshell*』가 출판되었다.『간단한 시간의 역사』내용을 보완해 좀 더 심도 있는 과학적인 내용을 다룬 이 책은 총 7장으로 이루어져 있다. 이 책의 각 장 제목은 다음과 같다.

> 제1장 상대성이론의 역사
> 제2장 시간의 형태
> 제3장 호두껍질 속의 우주
> 제4장 미래 예측
> 제5장 과거 보호
> 제6장 우주의 미래
> 제7장 새로운 브레인의 세계

각 장의 제목에서 짐작할 수 있는 것처럼 이 책은『간단한 시간의 역사』의 내용과 중복된 내용이 다수 포함되어 있으며, 일부 내용은 『간단한 시간의 역사』에서 다룬 내용을 심도 있게 다룬 내용이다. 우리나라에서는 2001년에 같은 제목으로 번역 출판되었다.

2005년에는 호킹과 레오나르드 믈로디노프가 공동으로 초판의 내용을 축약한 『더 간단한 시간의 역사*A Briefer History of Time*』라는 제목의 개정판이 출판되었다. 각 장의 제목은 『간단한 시간의 역사』와 같지만 내용뿐만 아니라 그림과 도표의 수가 크게 줄어들었다. 이 책은 우리나라에서 『짧고 쉽게 쓴 시간의 역사』라는 제목으로 2006년에 번역 출판되었다.

3장
요약하고 보충하여 재구성한
『그림으로 보는 시간의 역사』

『그림으로 보는 시간의 역사』의 내용을 요약하고, 일부 내용을 보충하여 호킹의 마음을 충분히 엿볼 수 있으면서도 쉽게 읽을 수 있도록 재구성했다. 일부 용어는 우리나라에서 번역 출판된 책에서 사용한 용어와 다른 용어를 사용했으며, 최근에 발표된 자료를 반영하여 일부 내용을 수정하거나 보완했다. 그리고 번역하는 과정에서 오히려 원문보다 이해하기 어렵게 설명된 부분은 쉽게 수정했다.

1. 우리의 우주관

어떤 사람이 우리가 사는 세상은 거북이 등에 얹혀 있는 납작한 판이고, 그 거북이는 다른 거북이 등에 얹혀 있으며, 그 거북이 아래는 또 다른 거북이들이 무한히 계속 있다고 주장한다면 우리는 그가 말도 안 되는 이야기를 하고 있다고 생각할 것이다. 그렇다면 우리가 그 사람보다 우주에 대해 더 잘 알고 있다고 생각하는 근거는 무엇일까? 우주에 대해 우리가 알고 있는 것들은 얼마나 확실한 것일까?

고대 그리스의 철학자 아리스토텔레스는 기원전 340년에 출판한 『천구에 관하여』에서 지구가 둥근 공 모양이라는 것을 증명하는 두 가지 증거를 제시했다. 월식 때 달에 만들어지는 지구의 그림자가 항상 원형이라는 것과, 북쪽으로 갈수록 북극성의 고도가 높아진다는 것이 그것이었다. 그는 또한 태양, 달, 행성들, 그리고 별들이 우주 중심에 정지해 있는 지구 주위를 완전한 운동인 원운동을 하면서 돌고 있다고 주장했다. 이런 생각은 2세기에 활동했던 프톨레마이오스가 제안한 지구중심설의 바탕이 되었다.

지구중심설에서는 우주 중심에 정지해 있는 지구 주위를 달과 태양, 그리고 그때까지 알려져 있던 수성, 금성, 화성, 목성, 토성의 다섯 개의 행성들이 돌고 있으며, 가장 바깥쪽에는 별들이 고정되어 있는 천구가 돌고 있다고 설명했다. 행성들은 천구에 고정되어 지구 주위를 돌고 있는 한 점을 중심으로 작은 원운동을 하면서 천구를 따라 지구 주위를 돌고 있다고 했다. 행성들의 운동을 이렇게 복잡하게 설명한 것은 지구에서 볼 때 행성들이 앞으로 가기도 하고 뒤로 가기도 하는 것을 설명하기 위해서였다.

지구중심설에서는 가장 바깥쪽 천구 너머의 세상은 인간이 관측할 수 있는 범위를 벗어난 곳이라고 생각했기 때문에 아무런 설명을 하지 않았다. 별이 고정되어 있는 천구 바깥쪽 공간을 천국과 지옥을 위한 공간으로 남겨 놓은 것은 후에 기독교가 지구중심설을 받아들이게 하는 이유 중 하나가 되었다.

그러나 폴란드의 니콜라스 코페르니쿠스는 1543년에 출판된 『천구의 회전에 대하여』에서 지구를 비롯한 행성들이 우주의 중심에 고정되어 있는 태양 주위를 원 궤도를 따라 돈다는 태양중심설을 주장하였다. 그러나 태양중심설이 진지하게 받아들여진 것은 그로부터 50여 년이 지난 1600년대 초에 이탈리아의 갈릴레오 갈릴레이와 독일의 요하네스 케플러가 태양중심설을 공개적으로 지지하기 시작한 후부터였다.

아리스토텔레스와 프톨레마이오스의 지구중심설이 치명적인 타격을 입은 것은 1609년이었다. 그 해 망원경을 이용하여 하늘을 관측하기 시작한 갈릴레이는 태양중심설을 지지하는 관측 증거들을 찾아냈고, 케플러는 행성들이 원 궤도가 아니라 타원 궤도를 따라 태양을 돌고 있다는 것을 알아냈다. 케플러는 천체들 사이에 자기력이 작용하고 있다고 가정해 타원운동을 설명하려고 했지만 성공하지 못했다.

천체운동을 역학적으로 설명하는 문제는 영국의 아이작 뉴턴이 1687년에 출판한 『자연철학의 수학적 원리』(『프린키피아』라고 더 많이 알려짐)를 통해 해결되었다. 뉴턴은 운동법칙과 중력법칙뿐만 아니라 물체의 운동을 분석하는 데 필요한 수학적 방법도 찾아냈다. 뉴턴은 중력법칙과 운동법칙을 이용해 물체들이 땅으로 떨어지는 운동과 달이 지구를 돌고, 지구를 비롯한 행성들이 태양을 도는 운동을 역학적으로 설명할 수 있었다.

그러나 뉴턴의 중력 이론에는 치명적인 문제점이 있었다. 우주의 크기가 유한하다면 가장자리에 있는 은하나 별들이 중력에 의해 안쪽으로 잡아당겨져, 한 점에 모여야 한다. 이런 사실을 잘 알고 있었던 뉴턴은 1691년 리처드 벤틀리에게 보낸 편지에서 유한한 공간에 유한한 수의 별들이 분포해 있다면 별들이 정지해 있을 수 없지만, 무한한 공간에 무한한 수의 별들이 균일하게 분포해 있다면 별들이 모여들 중심이 없어 우주가 수축하지 않아도 된다고 설명했다.

20세기 이전에는 과거 특정 시점에 우주가 현재의 상태로 창조되었다는 생각이 일반적으로 받아들여졌다. 뉴턴의 중력이론에 의하면 우주가 정적인 상태에 있을 수 없다는 것을 알고 있었던 사람들도, 이것이 우주가 팽창하고 있을지도 모른다는 사실을 의미한다고는 생각하지 않았다.

그러나 독일의 천문학자 하인리히 올베르스는 크기가 무한한 정적인 우주에 대한 반론을 제기했다. 올베르스가 이 반론을 제기한 것은 1823년이었지만 실제로는 뉴턴과 동시대 학자들 중에도 이런 생각을 한 사람들이 있었다. 올베르스는 무한한 수의 별들이 무한한 공간에 균일하게 분포되어 있다면 별들에서 오는 빛은 거리 제곱에 반비례해 약해지지만 별들의 수가 거리 제곱에 비례해 많아지므로 밤에도 낮처럼 하늘이 밝아야 한다고 주장했다. 별에서 오는 빛이 성간 물질에 의해 흡수되기 때문이라고 생각할 수도 있지만 그렇게 되면 성간 물질의 온도가 높아져 결국에는 별처럼 빛나게 될 것이다. 이러한 문제를 피할 수 있는 유일한 방법은 우주가 시간적으로 무한한 것이 아니라 과거 특정한 시점에 시작되었다고 생각하는 것뿐이었다.

우주의 기원에 관한 논의는 오래전부터 시작되었다. 성 아우구스티누스의 『신국론』에서도 이 문제가 다루어졌다. 그는 우리가 문명을 발전시킨 사람들을 모두 기억하고 있는 것은 인류문명의 역사가 그리 길지 않다는 것을 의미한다고 주장했다. 그는 우주가 기원전 5000년경에 창조되었다고 주장했는데 이 연대는 문명이 실제로 시작된 약 1만 년 전과 크게 다르지 않다.

한편 아리스토텔레스를 비롯한 대부분의 그리스 철학자들은 우리를 둘러싸고 있는 세계가 늘 존재해 왔으며 앞으로도 영원히 존재할 것이라고 믿었다. 고대인들은 문명을 반복적으로 초기로 되돌려 놓는 주기적인 홍수와 같은 재앙들이 현재 인류

문명의 역사가 그리 오래 되지 않은 이유라고 설명했다.

1781년에 출판된 임마누엘 칸트의 『순수이성비판』에서도 우주가 시작점을 가지고 있는지, 그리고 공간적으로 유한한지에 대한 문제가 다루어졌다. 그는 이런 의문들을 순수이성의 이율배반이라고 불렀다. 그는 우주가 시작점을 가지고 있지 않다면 모든 사건 이전에 무한한 시간이 있어야 하는데 현재 일어나고 있는 일들이 지금에야 일어나야 할 이유를 찾을 수 없을 것이고, 시작점을 가지고 있다면 시작점 이전에 무한한 시간이 있어야 하는데 특정 시점에 우주가 시작해야 할 이유를 찾을 수 없다는 문제가 생긴다고 했다. 칸트의 이런 주장은 우주가 존재하든 그렇지 않든 간에 시간은 계속적으로 흐르고 있다는 생각을 바탕으로 하고 있다.

대부분의 사람들이 영원불변한 정적인 우주를 믿고 있던 시대에는 우주의 시작점에 대한 논의는 형이상학이나 신학의 영역에 속했다. 그러나 1929년에 에드윈 허블이 멀리 떨어져 있는 은하들이 우리로부터의 거리에 비례하는 속력으로 멀어지고 있다는 사실을 발견했다. 그것은 우주가 팽창하고 있음을 의미했다. 따라서 과거로 거슬러 올라갈수록 은하들 사이의 거리가 가까워져 100억 년 전에서 200억 년 전 사이에는 모든 은하들이 한 점에 모여 있어야 한다. 허블의 관측으로 우주의 기원을 다루는 문제가 신학이나 철학의 주제에서 과학 연구의 주제로 바뀌었다.

허블의 발견은 우주가 무한히 작고, 무한히 밀도가 높았던 빅뱅이라는 시작점이 있었음을 의미하고 있다. 밀도가 무한히 높은 지점을 수학에서는 특이점이라고 부른다. 빅뱅 특이점에서는 모든 자연 법칙이 붕괴되기 때문에 그 이전과 그 이후 사건들 사이의 인과관계가 모두 사라져 버린다. 다시 말해 현재 우주에는 빅뱅 이전 사건들의 흔적이 남아 있지 않다. 따라서 시간은 빅뱅의 순간에 시작되었다고 말할 수 있다.

영원히 존재하는 우주에서는 우주의 기원을 창조주에게서 찾아야 한다. 그러나 우주가 팽창하고 있다면 우주가 팽창을 시작한 물리적인 원인을 밝혀내야 한다. 신이 빅뱅의 순간을 만들었다거나, 빅뱅이 있었던 것처럼 보이도록 우주를 창조했다고 설명하는 사람들도 있을 것이다. 그러나 그런 경우에도 신이 왜 빅뱅 순간에 우주를 지금 우리가 보고 있는 우주로 만들었는지를 따져 보아야 한다. 팽창하는 우주가 창조자의 존재를 배제시키지는 않는다고 해도, 창조자의 창조 작업의 시기와 방법에 제약을 가한다.

모든 이론은 이론적 예측이 실험결과와 일치하는 경우에만 과학 이론으로서 인정받는다. 과학 철학자 칼 포퍼는 실험이나 관찰에 의해서 반증할 수 있는 이론적 예측을 내놓을 수 있는 이론이 과학 이론이라고 했다. 실험 결과가 이론의 예측과 일치할 때는 이론이 존속되고 이론에 대한 신뢰가 증가하지만, 이론과 일치하지 않는 실험결과가 하나라도 발견되면 그 이론은 수정되거나 폐기된다.

과학의 궁극적인 목적은 우주 전체를 기술하는 통일이론을 만드는 것이다. 과학자들은 문제를 두 부분으로 나누어 다루고 있다. 첫 번째는 우주에서 일어나고 있는 현상들을 설명하는 법칙들을 알아내는 것이다. 법칙들을 알아낸 후 특정 시점의 우주의 상태를 알면 그 이후의 상태를 알 수 있다. 두 번째는 우주가 시작된 초기조건을 알아내는 일이다. 사람들 중에는 초기조건에 대한 물음은 형이상학이나 종교에서 다룰 문제라서 과학자들은 첫 번째 문제에 대해서만 관심을 가져야 한다고 생각하는 사람들도 있다.

그들은 전능한 존재인 신이 어떤 법칙에도 구애받지 않고 완전히 임의적인 방법으로 우주를 시작했을 수 있다고 주장한다. 그러나 우리가 자연현상을 관측해 알게 된 사실은 신이 창조한 우주가 자연 법칙에 따라 규칙적으로 전개되고 있다는 것이다. 우주가 자연법칙에 따라 전개되도록 한 신이라면 우주의 초기 조건을 결정할 때도 어떤 법칙에 따르지 않았을까?

우주를 통일적으로 설명하는 이론을 만드는 것은 매우 어려운 일이다. 따라서 지금까지 과학자들은 문제를 여러 부분으로 나누고, 각 부분들을 설명하는 부분 이론들을 만들어 왔다. 우주의 모든 것들이 다른 모든 것들과 상호 의존적이라면 문제의 일부를 독립적으로 다뤄서는 완전한 해에 접근할 수 없을 것이다. 그럼에도 불구하고 우리는 지금까지 부분 이론들을 통해 자연에 대해 많은 것을 이해할 수 있었다.

오늘날 과학자들은 우주를 일반상대성이론과 양자역학이라는 두 이론을 이용해 설명하고 있다. 두 이론은 20세기 전반에 인류가 이루어 낸 위대한 지적 성과물이다. 일반상대성이론은 10^{24}킬로미터나 되는 우주의 거대한 구조를 다루는 반면, 양자역학은 10^{-12}센티미터 정도의 아주 작은 세계에서 일어나는 일들을 다룬다. 그러나 두 이론은 서로 모순된다는 사실이 알려져 있다. 오늘날 물리학에서 다루어지고 있는 가장 중요한 연구 주제는 두 이론을 하나로 통합시킨 통일이론, 즉 양자중력 이론을 찾아내는 것이다. 우리는 아직 그런 이론을 가지고 있지 못하지만 그 이론이 갖추고 있어야 할 특성들에 대해서는 알고 있다.

우주가 찾아내려고 하는 통일이론은 우주의 모든 현상을 설명할 수 있는 이론이다. 우리가 완전한 통일이론을 찾아낸다면 그 이론을 이용해 인간의 행동은 물론 과학자들의 모든 연구결과도 예측할 수 있을 것이다. 그렇다면 더 이상의 연구가 필요 없는 것이 아닐까?

과학적 발전 과정에도 자연선택을 바탕으로 하는 진화론을 적용할 수 있다. 모든 생명체는 유전 물질의 변이가 가능하며, 변이의 결과 서로 다른 결론을 이끌어 낼 수 있는 개체들이 만들어지고, 일부 개체들은 다른 개체들에 비해 세상을 더 잘 설명하는 이론을 만들어 낼 수 있게 된다. 그런 능력을 가진 개체들은 더 많은 자손을 남길 가능성이 크기 때문에 그들의 행동과 사고방식이 인류 전체를 지배하게 될 것이다.

과거에는 과학 발전이 생존에 도움을 주었다. 그러나 현재는 과학적 발견이 모두를 파멸시킬 수도 있으며, 완전한 통일이론이 우리의 생존 가능성을 높이는 데 아무런 도움이 되지 않을 수도 있다. 그러나 우주가 규칙적인 방법으로 전개되어 왔다면 자연 선택을 통해 우리가 습득한 사고 능력이 완전한 통일이론을 탐색하는 데 유용하게 이용될 수 있을 것이다.

우주의 궁극적 이론에 대한 탐색이 우리 생활에 어떤 도움이 될는지는 알 수 없다. 그러나 상대성이론과 양자이론에 대해서도 같은 주장이 제기된 적이 있었지만 두 이론은 원자핵 에너지 분야와 전자공학 분야에서 실용성이 충분히 입증되었다는 것을 상기할 필요가 있다.

우주를 기술하는 완전한 통일이론은 인류라는 종의 생존에 도움이 되지 않을 수도 있고, 우리가 살아가는 방식에 아무런 영향을 주지 않을 수도 있다. 그러나 문명을 시작한 이래 인류는 우리가 왜 여기에 존재하는지, 그리고 어디에서 왔는지를 알아내려고 노력해 왔다. 지식에 대한 욕망은 무지를 정복하려는 우리의 지속적인 노력의 근원이다. 우리의 목표는 우리가 살고 있는 우주를 완전하게 설명하는 것이다.

2. 시간과 공간

갈릴레이와 뉴턴이 등장하기 이전에는 정지해 있는 상태를 자연스러운 상태라고 생각했기 때문에, 힘이 가해지지 않으면 물체는 정지해 있다고 했다. 그들은 또한 무거운 물체는 지구의 중심으로 다가가려는 성질이 크기 때문에 가벼운 물체보다 더 빨리 떨어진다고 주장했다. 갈릴레이 이전에는 아무도 무거운 물체가 실제로 가벼운 물체보다 빨리 떨어지는지를 실험을 통해 확인하려고 하지 않았다.

갈릴레이가 피사의 사탑에서 행한 실험을 통해 무거운 물체와 가벼운 물체가 같이 떨어진다는 것을 증명했다고 전해지지만 갈릴레이가 실제로 그런 실험을 했을 가능성은 크지 않다. 그러나 갈릴레이는 매끄러운 경사면에서 다른 무게를 가지는 공들을 굴려 내리는 실험을 통해 낙하하는 물체의 속력이 무게와 관계없이 같은 비율로 증가한다는 것을 알아냈다. 아폴로 15호 우주 비행사였던 데이비드 스코트는 공기가 없는 달에서 깃털과 망치를 동시에 떨어트리는 실험을 했다. 실험결과 두 물체는 동시에 달 표면에 도달했다.

뉴턴은 1687년에 출판된 『프린키피아』에서 외부에서 힘이 작용하지 않는 물체는 운동 상태를 바꾸지 않는다고 설명했다. 이것이 뉴턴의 제1법칙이다. 외부에서 물체에 힘이 작용하면 힘의 크기에 비례하고, 물체의 질량에 반비례하는 가속도 운동을 한다는 것이 뉴턴의 제2법칙이다. 뉴턴은 모든 물체 사이에는 두 물체의 질량의 곱에 비례하고, 두 물체 사이의 거리의 제곱에 반비례하는 중력이 작용한다는 중력법칙도 발견했다. 뉴턴은 중력법칙을 이용하여 지구, 달, 그리고 행성들의 운동을 놀라울 정도로 정확하게 설명할 수 있었다.

뉴턴역학에서는 정지해 있는지 달리고 있는지를 결정할 절대 기준계가 존재하지 않는다. 다시 말해 A가 정지해 있고, B가 A에 대해 일정한 속력으로 멀어지고 있다고 말할 수 있다면, B가 정지해 있고 A가 B에 대하여 일정한 속력으로 멀어지고 있다고 말할 수도 있다. 절대기준계가 존재하지 않는다는 것은 물체의 위치나 속도를 절대적인 좌표계를 이용해서 기술할 수 없음을 의미한다. 기차 안에 있는 사람과 지상에 있는 사람이 측정한 물체의 위치와 속도가 같지 않고, 두 사람의 측정 중 어느 하나가 다른 것보다 더 기본적일 아무런 이유가 없다.

그러나 아리스토텔레스와 뉴턴은 모두 시간은 절대적인 것이라고 생각했다. 그들은 모든 관측자들이 기준계와 관계없이 같은 시간을 측정한다고 생각했다. 그들은 시간은 공간과 분리된 별개라고 보았다. 이것은 오늘날에도 많은 사람들이 받아들이는 상식이다.

빛의 속력은 1676년 덴마크의 천문학자 올레 크리스텐센 뢰머에 의해서 처음 측정되었다. 그는 지구가 태양을 공전하면서 목성으로부터 멀어질 때는 이오의 공전 주기가 길게 측정되고, 가까워질 때는 짧게 측정되는 것은 빛이 우리에게 도달하기 위해 달려야 할 거리가 달라지기 때문이라고 생각하고, 이를 이용해 빛의 속력을 계산했다. 그러나 그는 목성과 지구 사이의 거리를 정확하게 알고 있지 않았기 때문에 그가 계산한 빛의 속력은 약 초속 약 21만 킬로미터로 실제 빛의 속력인 초속 30만 킬로미터에 비해 느렸다. 뢰머의 연구는 뉴턴이 『프린키피아』를 출판하기 11년 전에 이루어졌다.

빛을 제대로 설명하는 이론은 1865년에 영국의 물리학자 제임스 클러크 맥스웰에 의해 제시되었다. 맥스웰은 전자기 현상을 설명하기 위해 제안되었던 부분 이론들을 통합하여 맥스웰 방정식이라는 전자기학 통일이론을 만들었다. 맥스웰은 그의 이론을 이용하여 공간을 통해 일정한 속력으로 전파되고 있는 전자기파가 있을 것이라고 예측했다.

그러나 뉴턴 역학에서 이미 절대 기준계가 제거되었기 때문에 전자기파가 일정한 속력으로 전파된다면 그 속력이 어떤 기준계에 대한 속력인지가 문제가 되었다. 맥스웰은 빛의 속력은 우주 공간을 채우고 있는 에테르라는 매질에 대한 속력이라고 주장했다. 빛이 에테르에 대하여 일정한 속력으로 달리고 있다면 에테르에 대하여 상대적으로 운동하는 관측자들에게는 빛의 속력이 다른 값으로 측정되어야 할 것이다.

1887년 미국의 물리학자 앨버트 마이컬슨과 화학자 에드워드 몰리는 클리블랜드에 있는 케이스대학에서 에테르의 존재를 확인하기 위한 정밀한 실험을 했다. 그들은 지구가 달리고 있는 방향으로 진행하는 빛의 속력과 지구의 운동 방향과 수직한 방향으로 진행하는 빛의 속력을 비교하여 빛의 속력에 미치는 에테르의 영향을 찾아내려고 했다. 그러나 그들의 실험 결과는 빛의 속력이 지구의 운동 방향과는 관계없이 항상 일정하다는 것을 나타내고 있었다.

1887년과 1905년 사이에 마이컬슨과 몰리의 실험 결과를 설명하기 위한 여러 가지 시도가 있었다. 그 중에서 가장 유명한 것은 에테르 속을 달리는 물체의 속도 방향의 길이가 수축하고 시계가 느려진다고 설명한 네덜란드의 물리학자 헨드릭 로렌츠의 제안이었다. 그러나 1905년에 스위스 특허국의 서기로 일하고 있던 아인슈타인이 절대시간이라는 개념을 폐기하면 에테르라는 매질이 필요하지 않다는 내용을 포함하고 있는 특수상대성이론을 발표했다. 그로부터 몇 주일 후 프랑스의 앙리 푸앵카레도 비슷한 제안을 했다.

특수상대성이론이라고 불리는 새로운 이론은 모든 관성계에서 측정하는 관찰자들에게 동일한 물리 법칙이 성립한다는 것과, 모든 관성계의 관측자에게 빛의 속력이 일정하다는 가정을 바탕으로 하고 있다. 특수상대성이론의 식 중에서도 가장 중요한 식은 질량과 에너지의 등가원리를 나타내는 $E=mc^2$라는 식일 것이다.

특수상대성이론은 시간과 공간에 대한 우리의 생각을 완전히 바꾸어 놓았다. 특수상대성이론에 의하면 빛의 속력을 똑같이 측정하기 위해서는 빛이 두 지점을 이동하는 데 걸린 시간도 관측자에 따라 달라져야 한다. 다시 말해 특수상대성이론은 절대시간이라는 개념을 폐기하고 상대 시간이라는 개념을 도입한 것이다.

시간과 공간은 이제 더 이상 분리되어 있거나 독립적이지 않고, 서로 밀접하게 결합되어 있는 시공간을 이루게 되었다. 사건은 공간상의 한 점에서 특정한 시간에 일어난다. 따라서 사건을 나타내기 위해서는 공간을 나타내는 세 개의 좌표와 시간을 나타내는 또 하나의 좌표가 필요하다. 세 개의 공간 좌표가 동등하듯이 시간 좌표 역시 똑같이 취급할 수 있게 된 것이다.

우리는 4차원 시공간을 상상하는 것이 어렵다. 그러나 한 축은 시간을 나타내고, 한 축은 거리를 나타내는 2차원 공간이나 두 축은 공간의 두 방향을 나타내고 수직축은 시간을 나타내는 3차원 공간을 상상하는 것은 어렵지 않다. 시간은 년 단위로 표시하고, 공간의 거리는 광년이라는 단위로 나타내기로 하자.

이 좌표계의 원점에 태양이 위치해 있다. 태양에서 나온 빛이 켄타우루스자리의 알파별까지 가는 데는 4년이 걸린다. 이 시공간 그래프에서 빛은 현재 태양이 위치한 원점(0,0)에서 4년 후의 켄타우루스자리의 알파별이 있을 (4,4)를 잇는 경로를 따라 진행할 것이다. 수평 축은 거리를 나타내고, 수직 축은 시간을 나타내는 좌표계에서 빛의 경로는 직선으로 나타난다.

빛의 속력은 모든 관찰자에게 같으므로 원점에서 출발한 빛은 원점으로부터 구형으로 퍼져 나갈 것이다. 100만 분의 1초 후에는 빛이 반지름 300미터의 구를 형성하게 될 것이고, 100만 분의 2초 후에는 반지름 600미터의 구를 형성할 것이다. 빛이 2차원 평면에서 사방으로 퍼져 나간다면 빛은 원을 그리면서 퍼져 나갈 것이고, 원의 지름은 시간에 따라 증가할 것이다. 두 개의 공간 차원과 한 개의 시간 차원을 가지고 있는 3차원 공간에서는 모든 빛의 경도들이 원점을 꼭짓점으로 하는 원뿔의 표면을 이룰 것이다.

우리는 원점을 대칭점으로 하여 빛이 미래에 도달할 지점들을 나타내는 미래 빛원뿔과 현재 우리에게 도달하는 빛들이 지나온 점들을 나타내는 과거 빛원뿔을 그릴 수 있다. 빛은 빛원뿔의 표면을 지나는 직선을 통해 전파되고, 질량을 가지고 있어 빛보다 느리게 달리는 물체는 빛원뿔 내부의 점들을 통해 이동한다.

우주에서 일어나는 사건들은 빛원뿔을 이용하여 세 가지로 나눌 수 있다. 사건 P에서 출발하여 빛의 속력이나 그보다 느린 속력으로 도달할 수 있는 사건들은 사건 P의 영향을 받을 수 있는 미래의 사건들이다. 그런 사건들은 미래 빛원뿔의 내부나 표면 위에 있게 된다.

P의 과거의 사건들은 빛의 속력이나 그 이하의 속력으로 달려 P에 도달할 수 있는 모든 사건들을 나타내며 이런 사건들은 과거 빛원뿔의 내부나 표면에 존재한다. 이런 사건들은 사건 P에 영향을 줄 수 있는 사건들이다. 미래 빛원뿔이나 과거 빛원뿔의 외부에 존재하는 사건들은 P에 영향을 미칠 수도 없고, P의 영향을 받지도 않는다.

현재 태양에서 일어나고 있는 사건은 빛원뿔의 외부에 있는 사건이다. 따라서 태양에서 현재 일어나고 있는 사건은 현재 지구에서 일어나고 있는 사건에 영향을 줄 수 없다. 현재 우리가 관측하고 있는 먼 은하에서 일어나고 있는 사건들은 오래 전에 과거 빛원뿔 위에서 일어난 사건들이다. 따라서 우리가 멀리 있는 은하를 보고 있으면 우리는 먼 과거를 보고 있는 것이다.

뉴턴의 중력법칙에 의하면 물체가 이동하면 다른 물체에 작용하는 중력의 크기와 방향도 동시에 달라져야 한다. 이것은 중력효과가 무한한 속력으로 전달된다는 것을 의미했다. 이것은 빛보다 빠른 신호가 없다는 특수상대성이론과 모순된다. 아인슈타인은 1915년에 특수상대성이론과 모순되지 않는 새로운 중력이론인 일반상대성이론을 제안했다.

아인슈타인은 중력이 다른 힘들과는 달리 실제로는 힘이 아니며 시공간이 평평하지 않아 발생하는 효과라고 주장했다. 다시 말해 시공간은 그 안에 포함하고 있는 질량과 에너지에 의해 휘어져 있다는 것이다. 지구와 같은 천체는 중력이라고 부르는 힘에 의해 휘어진 궤도를 따라 운동하는 것이 아니라, 태양 질량에 의해 휘어진 공간에서 두 점 사이를 잇는 최단거리인 측지선을 따라 움직인다는 것이다.

일반상대성이론이 예측한 행성들의 궤도는 뉴턴의 중력이론이 예측한 궤도와 거의 정확하게 일치한다. 그러나 태양으로부터 가장 가까이 있는 수성은 태양의 강한 중력으로 인해 조금은 길게 늘어난 타원 궤도를 따라 태양을 돌고 있는데 일반상대성이론은 타원궤도의 장축이 1만 년에 1도씩 회전할 것이라고 예측했다. 이 효과는 아주 작은 것이지만 일반상대성이론의 정당성을 증명해 주는 첫 번째 관측 결과였다. 최근에는 다른 행성들의 궤도가 뉴턴역학이 예측한 궤도에서 벗어나는 현상을 관측했고, 그 차이는 일반상대성이론의 예측과 일치한다.

일반상대성이론에서는 태양 부근에서 일어나는 사건들의 빛 원뿔은 휘어진 시공간으로 인해 태양 쪽으로 약간 휠 것으로 예측했다. 따라서 먼별에서 오는 빛이 태양 부근을 지나게 되면 작은 각도이기는 하지만 굴절하게 되고, 이에 따라 별들의 위치가 달라져 보일 것이다. 별빛이 태양 부근을 지나오기 위해서는 별이 태양 뒤쪽에 있어야 하는데, 이런 별들은 태양의 밝은 빛 때문에 관측할 수 없다. 그러나 태양의 밝은 빛이 달에 의해 가려지는 일식이 일어나는 동안에는 태양 주위에 있는 별들을 관측하는 것이 가능하다.

1919년 아서 에딩턴이 이끄는 영국의 탐사대는 서아프리카에 있는 프린시페와 브라질의 소브랄에서 개기 일식이 일어나는 동안 태양 주변의 별 사진을 찍은 다음, 밤하늘에서 이 별들을 찍은 사진과 비교하여 별빛이 일반상대성이론의 예측대로 휘어져 온다는 것을 확인했다. 그 후에 이루어진 정밀한 관측들도 그들의 결론이 옳았음을 확인해 주었다.

일반상대성이론의 또 하나의 예측은 시간이 강한 중력장 안에서 느리게 간다는 것이다. 빛이 중력장이 강한 곳에서 약한 곳으로 진행하면 에너지를 잃어 진동수가 작아진다. 따라서 중력장으로부터 멀리 있는 관측자에게는 강한 중력장 안에서 일어나는 일들이 느리게 진행되는 것처럼 측정된다.

이러한 예측은 1962년에 미국 하버드대학 급수탑의 위쪽과 아래쪽에 있는 두 개의 정밀한 시계를 이용한 실험을 통해 확인되었다. 실험 결과 지구 중심에 가까운 아래쪽에 있는 시계가 일반상대성이론이 예측한 만큼 위쪽에 있는 시계보다 느리게 갔다. 이러한 결과는 오늘날 많은 사람들이 사용하고 있는 GPS에 이용되고 있다. 지구 궤도를 돌고 있는 인공위성이 보내오는 신호를 이용하여 지상에서의 위치를 결정하는 GPS에서는 높은 고도에 있는 위성의 시계와 지상에 있는 시계가 측정하는 시간 차이를 고려하지 않으면 제대로 작동하지 않는다.

1915년까지는 공간과 시간 안에서 일어나는 사건들이 공간과 시간에 영향을 주지 않는 것으로 생각했다. 특수상대성이론에서도 이런 생각은 달라지지 않아 공간과 시간이 영원히 계속된다는 생각은 당연한 것으로 받아들여졌다. 그러나 일반상대성이론에서는 공간과 시간이 동역학적인 물리량의 하나가 되었다. 따라서 물체의 운동이나 물체들 사이에 작용하는 힘이 시공간에 영향을 줄 수 있게 되었다. 물체는 시공간의 곡률에 영향을 주고, 시공간의 곡률은 다시 물체의 운동이나 힘에 영향을 준다. 시공간은 이제 우주에서 일어나는 모든 사건들에 영향을 줄 뿐만 아니라 영향을 받게 되었다.

시공간에 대한 새로운 이해는 우주에 대한 우리의 생각을 혁명적으로 바꾸어 놓았다. 영원불변한 정적인 우주는 과거 특정 시점에 시작되어 미래의 어느 시점에 종말을 맞이하게 될 팽창하고 있는 역동적인 우주로 대체되었다.

3. 팽창하는 우주

태양 주위를 공전하고 있는 지구 위에서 별들의 위치를 측정하면 가까이 있는 별들의 위치가 멀리 있는 배경 별들에 대해 이동한 것처럼 보인다. 이렇게 지구의 위치 변화에 따라 별들의 위치가 달라져 보이는 것을 연주시차라고 한다. 가까이 있는 별은 연주시차가 크고 멀리 있는 별은 연주시차가 작다. 연주시차를 측정하면 그 별까지의 거리를 정확하게 알 수 있다.

태양계에서 가장 가까이 있는 별인 켄타우루스자리의 프록시마 켄타우리까지의 거리는 약 4광년이다. 지구에서 태양까지의 거리가 약 8광분인 것과 비교하면 별들이 얼마나 멀리 떨어져 있는지 알 수 있다. 1750년대에 천문학자들은 별들이 띠 모양으로 분포해 있는 것처럼 보이는 것은 우리은하의 별들이 납작한 원반 모양으로 분포하기 때문이라는 주장했다. 그로부터 얼마 후 윌리엄 허셜이 별들의 위치와 거리를 측정하고 목록을 만들어 이런 사실을 확인했다. 그러나 우리은하의 별들이 원반 모양으로 분포한다는 사실을 완전히 받아들인 것은 20세기 초였다.

우리은하 밖에 또 다른 은하들이 존재한다는 것을 알게 된 것은 1924년에 미국의 에드윈 허블이 안드로메다 성운이라고 알려져 있던 천체가 사실은 우리은하 밖에 있는 또 다른 은하라는 사실을 밝혀낸 후의 일이다. 그 후 과학자들은 발전된 관측 기술을 이용하여 우주의 넓은 공간에는 수많은 은하들이 존재한다는 것을 알아냈다.

별의 겉보기 밝기는 실제 밝기와 별까지의 거리에 의해 결정된다. 우리가 어떤 별의 실제 밝기를 알 수 있다면 겉보기 밝기를 측정하여 그 별까지의 거리를 알아낼 수 있다. 일정한 주기로 밝기가 변하는 별들의 경우에는 주기와 별의 실제 밝기 사이에 일정한 관계가 있다는 것이 알려져 있었다. 허블은 다른 은하에서 이런 별들을 찾아내 주기를 측정하여 실제 밝기를 알아내고, 그 별의 겉보기 밝기를 측정해 은하까지의 거리를 계산했다.

이런 방법으로 허블은 은하들까지의 거리를 측정하는 데 성공했다. 오늘날 우리는 우주에 수천억 개의 은하가 존재하며 각각의 은하는 수천억 개의 별들로 이루어져 있다는 것을 알고 있다. 지름이 약 10만 광년인 우리은하의 나선팔을 이루고 있는 별들은 수억 년에 한 바퀴씩 은하의 중심을 돌고 있다. 태양은 나선팔 중 하나의 안쪽 가장자리 부근에서 은하를 돌고 있는 보통 크기의 별이다.

별들은 멀리 떨어져 있어서 망원경으로 보아도 점광원으로 보이기 때문에 크기나 형체를 구분할 수 없다. 별에서 우리가 얻을 수 있는 정보는 별이 내는 빛뿐이다. 별빛의 스펙트럼을 분석하면 별의 온도를 알 수 있다. 스펙트럼에서 특정한 색깔의 빛이 빠져 있는 흡수 스펙트럼을 조사하면 그 별을 둘러싸고 있는 대기의 구성 성분을 알 수 있다.

1920년대에 은하에서 오는 빛의 흡수 스펙트럼을 조사한 과학자들은 은하의 흡수 스펙트럼이 파장이 긴 쪽으로 이동해 있다는 것을 발견했다. 정지해 있는 천체가 방출한 빛은 우리에게 도달할 때도 같은 색깔의 빛으로 보이지만, 다가오고 있는 천체가 내는 빛은 원래의 빛보다 짧은 파장의 빛으로 관측되고 (청색편이), 멀어지고 있는 천체가 내는 빛은 원래보다 파장이 긴 빛으로 관측된다(적색편이).

이렇게 광원의 속력에 따라 파장이 다른 빛으로 관측되는 것을 도플러 효과라고 한다. 외부 은하의 존재를 증명한 후 허블은 여러 해 동안 은하들에서 발견된 변광성의 밝기와 은하 스펙트럼의 도플러효과를 조사하여 은하까지의 거리와 속력을 계산해 보았다. 당시 대부분의 천문학자들은 은하들이 임의의 방향으로 움직이기 때문에 적색편이를 나타내는 은하들과 청색편이를 나타내는 은하들이 같은 비율로 존재할 것이라고 생각했다.

그러나 허블의 관측 결과는 놀랍게도 대부분의 은하들이 적색편이를 나타내고 있었다. 다시 말해 대부분의 은하들이 우리로부터 멀어지고 있었다. 더욱 놀라운 것은 은하들의 적색편이 정도가 거리에 비례한다는 것이었다. 그것은 멀리 있는 은하일수록 우리로부터 더 빨리 멀어지고 있음을 뜻했다. 그리고 그것은 우주가 팽창하고 있음을 나타내는 것이었다.

우주가 팽창하고 있다는 발견은 20세기에 이루어진 가장 위대한 발견 중 하나이다. 뉴턴을 비롯한 과학자들은 중력이 작용하는 우주는 수축해야 하는 것이 아닐까 하는 생각을 했었다. 그러나 누구도 우주가 팽창하고 있다는 생각은 하지 못했다. 1915년에 일반상대성이론을 제안한 아인슈타인마저도 수축하거나 팽창하는 동적인 우주를 받아들이는 대신 자신의 방정식에 우주상수를 도입해 정적인 우주에 맞는 방정식으로 수정했다.

아인슈타인이 도입한 우주상수는 다른 힘들과는 달리 어떤 원천에서 나오지 않으면서 시공간의 가장 근본적인 구조를 이루고 있는 반중력을 나타낸다. 그는 시공간이 팽창하려는 내재적인 경향을 가지고 있으며, 이러한 경향은 우주를 이루는 모든 물질에 작용하는 중력과 정확하게 균형을 이루어 정적인 우주를 가능하게 한다고 설명했다.

그러나 러시아의 알렉산드르 프리드만은 우주상수가 포함되어 있지 않은 일반상대성이론의 해가 나타내는 동적인 우주를 받아들였다. 프리드만은 일반상대성이론에 의하면 등방적이며, 균일한 우주는 팽창하고 있어야 한다는 것을 수학적으로 증명했다. 허블이 우주가 팽창하고 있다는 것을 발견하기 7년 전인 1922년에 프리드만은 허블의 발견을 예상했던 것이다.

1965년에 뉴저지 주에 있는 벨 전화 회사에서 두 미국인 물리학자 아르노 팬지아스와 로버트 윌슨이 마이크로파 수신용 안테나를 시험하고 있었다. 팬지아스와 윌슨은 그들의 안테나에 많은 잡음이 잡힌다는 사실을 발견했다. 그 잡음은 모든 방향으로부터 1년 내내 오고 있었다. 이것은 이 잡음이 태양계 너머, 심지어는 은하 너머에서 오고 있다는 것을 나타내는 것이었다.

팬지아스와 윌슨이 안테나에 잡히는 잡음을 없애기 위해 노력하고 있는 동안 그들의 연구소에서 그리 멀지 않는 프린스턴 대학에서 물리학자인 로버트 디키와 짐 피블스가 온도와 밀도가 극히 높은 상태였던 우주 초기의 빛을 관측할 안테나를 제작하기 위한 준비를 하고 있었다. 우주 초기의 빛은 우주의 팽창으로 인해 파장이 길어져 마이크로파로 관측될 것이라고 예측하고 있었다. 팬지아스와 윌슨은 디키와 피블스로부터 그들을 괴롭히던 잡음이 우주배경복사라는 사실을 밝혀냈다. 팬지아스와 윌슨은 이 발견으로 1978년에 노벨상을 수상했다.

마이크로파 배경복사는 완전히 균일하지 않고 약간의 차이가 존재한다는 것이 밝혀졌다. 1992년에 발사된 우주배경복사 탐사 위성 코비COBE는 마이크로파 배경복사의 편차가 약 10만분의 1 수준이라는 것을 알아냈다. 이것은 우주가 어느 방향으로 보아도 같은 모습으로 보이지만 아주 똑같지는 않다는 것을 의미했다.

어느 방향을 바라보더라도 우주가 같은 모습으로 보인다는 사실을 우주에서의 우리의 위치가 특별하기 때문이라고 해석할 수도 있을 것이다. 다른 은하들이 모두 우리로부터 멀어지고 있다는 사실 역시 우리가 우주의 중심이라는 사실을 나타내는지도 모른다. 그러나 우주는 다른 은하에서 볼 때도 모든 방향이 같은 모습으로 보이고, 모든 은하들이 멀어져 가고 있는지도 모른다. 우리에게는 균일하고 등방적으로 관측되는 우주가 다른 은하에서 관측하면 그렇지 않다면 그것은 무척이나 기이한 일일 것이다. 우주가 팽창하고 있다는 프리드만의 모형에 의하면 우주에 팽창의 중심이라고 말할 수 있는 점은 없으며, 우주 어디에서든지 두 점이 멀어지는 속력은 두 점 사이의 거리에 비례한다. 따라서 어디에서 관측하던 은하의 적색편이는 거리에 비례해서 커질 것이다.

프리드만의 팽창하는 우주 모형은 세 가지로 분류할 수 있다. 첫 번째 유형은 우주의 팽창 속도가 느려지다가 정지한 다음 다시 수축하는 우주이다. 두 번째 유형은 우주가 중력이 팽창을 멈출 수 없을 정도로 빠르게 팽창하는 우주이다. 이런 우주는 영원히 계속 팽창할 것이다. 마지막으로 세 번째 유형은 우주가 수축을 간신히 면하는 정도의 속력으로 팽창을 계속하는 우주이다.

프리드만이 제안한 첫 번째 유형의 우주는 공간적으로 무한하지 않으며, 공간이 어떤 경계도 가지지 않는다. 강한 중력이 공간을 휘어 놓아 공간은 지구 표면과 같은 둥근 구를 형성한다. 지구 표면에서 한 방향으로 계속 가면 결국 출발점으로 되돌아오게 되는 것처럼 첫 번째 모형의 우주에서도 같은 일이 일어난다. 네 번째 차원인 시간 역시 시작과 종말이라는 두 개 끝 또는 경계를 가지는 유한한 선분과 같을 것이다.

우주가 영원히 팽창하는 두 번째 유형에서는 공간이 말안장의 표면처럼 휘어진다. 따라서 이런 우주에서는 공간이 무한하다. 마지막으로 임계속력으로 팽창이 계속되는 세 번째 유형에서는 공간이 평평하고, 따라서 무한하다.

그렇다면 우주는 언젠가 팽창을 멈추고 다시 수축하기 시작할까 아니면 영원히 팽창을 계속할까? 이 물음에 대한 답을 얻으려면 우주의 현재 팽창 속도와 평균 밀도를 알아야 한다. 우리는 은하들의 도플러효과를 측정해 우주의 현재 팽창 속력을 알아낼 수 있다. 관측 가능한 질량은 팽창을 멈추게 하는 데 필요한 임계질량보다 훨씬 작지만, 우주에는 우리가 관측할 수 없는 암흑물질과 암흑에너지를 포함하고 있다. 현재까지의 관측 결과는 우주가 영원히 팽창할 것임을 나타내고 있다.

프리드만의 모든 해는 과거의 어느 한 시점에 은하들 사이의 거리가 0이었음을 나타내고 있다. 빅뱅이라고 부르는 그 시점에 우주는 밀도와 시공간의 곡률이 무한대인 특이점을 이루고 있었을 것이다. 수학은 무한대를 다룰 수 없기 때문에 일반상대성이론을 바탕으로 하는 우주론은 특이점에서 이론 자체가 붕괴한다. 시공간의 곡률이 무한대가 되는 빅뱅 특이점에서는 다른 모든 과학 이론들도 붕괴하고 만다. 이 말은 빅뱅 이전에 어떤 사건들이 있었다고 해도 빅뱅이 일어난 이유를 설명하는 데 그 사건을 이용할 수 없음을 뜻한다. 빅뱅 특이점에서는 예측 가능성 자체가 붕괴하기 때문이다.

많은 사람들은 시간이 출발점을 가진다는 생각을 좋아하지 않는다. 그 이유 중의 하나는 그런 생각이 신의 개입을 부정하기 때문일 것이다. 따라서 빅뱅의 가능성을 피하려는 여러 가지 시도가 있었다. 그중에서 가장 많은 지지를 받았던 것은 나치 독일을 탈출한 두 명의 과학자 헤르만 본드와 토마스 골드, 그리고 전쟁 기간 동안 이 두 사람과 함께 레이더 개발에 참여했던 영국인 프레드 호일에 의해 1948년에 제안되었던 정상우주론이었다. 그러나 정상우주론은 빅뱅의 흔적인 마이크로파 배경복사가 발견된 후 폐기되었다.

그렇다면 일반상대성이론은 우주가 반드시 빅뱅 특이점을 가져야 한다고 예측할까? 1965년에 영국의 수학자이자 물리학자인 로저 펜로즈가 자체 중력으로 붕괴하는 별이 블랙홀이라고 알려진 특이점을 만들어야 한다는 것을 수학적으로 증명했다. 별에게만 적용되는 것처럼 보이던 펜로즈의 결과를 우주에 적용하여 우주에도 특이점이 존재해야 한다는 것을 증명한 사람은 스티븐 호킹이었다.

호킹은 대학원 학생일 때 흔히 루게릭병이라고 부르는 근위축증에 걸렸다는 진단과 함께 앞으로 한두 해밖에 더 살 수 없다는 사형선고를 받았다. 그러나 2년이 지나도록 병세는 더 이상 나빠지지 않았을 뿐만 아니라 오히려 상태가 훨씬 호전되어 결혼까지 하게 되었다. 1965년에 중력 붕괴를 하는 모든 별이 특이점을 형성하게 된다는 펜로즈의 정리를 읽은 호킹은 우주가 프리드만의 가정을 만족시킨다면 우주에서도 펜로즈의 정리가 성립할 것임을 깨달았다. 호킹은 펜로즈의 정리를 바탕으로 모든 팽창하는 우주가 반드시 특이점에서 시작되어야 한다는 것을 증명했다.

1970년에 펜로즈와 호킹은 일반상대성이론이 옳고, 우주가 우리가 관찰할 수 있을 만큼의 물질을 가지고 있다면 빅뱅 특이점이 존재할 수밖에 없다는 사실을 증명한 논문을 공동으로 발표했다. 이들의 논문이 발표되자 처음에는 많은 반론이 제기되었다. 그러나 오늘날에는 대부분의 과학자들이 우주가 빅뱅 특이점에서 시작되었다는 사실을 받아들이고 있다. 그러나 호킹은 후에 우주가 탄생하는 과정에 양자효과를 적용하여 특이점이 필요로 하지 않는 이론의 필요성을 역설했다.

일반상대성이론이 큰 크기에서의 우주를 설명하는 부분 이론이라고 한다면, 양자역학은 아주 작은 크기에서의 우주를 설명하는 또 다른 부분 이론이다. 탄생 초기의 우주에는 양자역학적 효과를 무시할 수 없을 정도로 작은 크기였던 시기가 있었다. 따라서 우주가 어떻게 시작되었는지를 제대로 이해하기 위해서는 일반상대성이론과 양자역학을 결합한 양자중력이론을 만들어야 한다. 호킹은 양자중력이론이 만들어지면 모든 물리법칙이 폐기되는 특이점이라는 괴물이 없이도 우주의 시작을 설명할 수 있을 것이라고 주장했다.

4. 불확정성원리

19세기 초 프랑스의 과학자 라플라스는 우리가 특정 순간에 우주의 상태를 알기만 하면 그 후 우주에서 일어날 모든 일을 예측할 수 있게 해 주는 과학법칙들이 존재할 것이라고 주장했다. 특정 시점에 별들이 어떻게 움직이고 있는지 안다면 뉴턴의 역학 법칙을 이용해서 그 이후의 별들의 상태를 계산할 수 있다는 것이다. 그러나 라플라스는 여기에서 멈추지 않고 한 걸음 더 나아가 인간의 행동을 포함하여 모든 것들을 지배하는 법칙들이 존재할 것이라고 주장했다.

과학적 결정론이라고 부르는 라플라스의 주장은 신이 세상 일에 개입할 자유를 침해한다고 생각한 사람들로부터 강한 반발을 받았다. 그러나 20세기 초까지 많은 사람들은 과학적 결정론을 받아들였다. 하지만 20세기 초부터 그런 믿음이 폐기될 수밖에 없는 증거들이 나타나기 시작했다.

영국의 과학자 존 레일리와 제임스 진스가 고전 물리학 이론을 이용하여 높은 온도의 물체는 무한대의 에너지를 방출해야 한다는 계산 결과를 내놓았다. 고전 물리학 이론에 의하면 온도가 높은 물체는 모든 진동수의 전자기파를 동일한 세기로 방출해야 한다. 그러나 방출하는 파동이 가질 수 있는 진동수에는 제한이 없어 얼마든지 작은 진동수와 큰 진동수가 가능하기 때문에 물체가 방출하는 전체 에너지가 무한대가 되어야 한다.

이러한 문제를 해결하기 위해 독일의 과학자 막스 플랑크는 1900년에 빛 그리고 그 밖에 파동들이 임의의 에너지를 가지고 방출되는 것이 아니라 그가 양자라고 부른 특정한 크기의 에너지 덩어리로만 방출될 수 있다고 주장했다. 각각의 양자는 일정한 양의 에너지를 가지고 있고, 그 에너지는 진동수가 높아질수록 커지기 때문에 큰 진동수에서는 양자 하나가 방출되기 위해서 더 많은 에너지를 필요로 한다. 따라서 높은 진동수를 가질 확률이 감소되기 때문에 물체가 방출하는 에너지가 유한하게 된다.

플랑크가 제안한 양자화 가설은 물체가 내는 복사선의 세기를 성공적으로 설명했다. 그러나 이 가설이 결정론에 대해서 가지는 함축적인 의미는 1926년에 독일의 과학자인 베르너 하이젠베르크가 불확정성원리를 수립할 때까지 제대로 이해되지 못했다. 한 입자의 미래 위치와 속도를 예측하기 위해서는 현재 위치와 속도를 정확히 측정할 수 있어야 한다. 입자의 위치와 속도를 측정하기 위해서는 입자에 빛을 쪼이고, 입자에 의해서 산란되는 빛을 조사하면 된다.

그런데 플랑크의 양자 가설에 의하면 임의적으로 적은 양의 빛을 사용할 수는 없다. 다시 말해 최소한 하나의 광자를 사용해야 한다. 그런데 광자는 그 입자를 교란시키고 예견 불가능한 방식으로 입자의 속도를 변화시킨다. 게다가 위치를 더 정확하게 측정하려고 하면 할수록 필요한 광자의 파장은 더 짧아지고 따라서 광자 하나의 에너지는 더 커지기 때문에 입자의 속도는 더 큰 폭으로 교란된다. 다시 말해 입자의 위치를 보다 정확하게 측정하려고 시도할수록 그 속도는 덜 정확하게 측정된다.

하이젠베르크는 입자의 위치의 오차와 속도 오차를 곱한 양이 플랑크 상수라고 부르는 일정한 양보다 작을 수 없다는 것을 증명했다. 이 한계는 우리가 입자의 위치와 속도를 측정하기 위해서 사용하는 방법이나 그 입자의 종류에 관계없이 항상 존재한다. 하이젠베르크에 불확정성원리는 우리 우주의 근본적이며 피할 수 없는 특성이라는 것이다.

불확정성원리는 우리가 세계를 바라보는 방식을 크게 바꾸어 놓았다. 그러나 그로부터 50년 이상이 지난 후에도 그 의미는 철학자들에게 충분이 이해되지 못했으며, 지금까지도 많은 논쟁이 이루어지고 있다. 불확정성원리는 라플라스가 꿈꾸었던 결정론적인 우주 모형에 종말을 알리는 신호탄이었다. 우리가 우주의 현재 상태를 정확하게 측정할 수 없다면, 미래 사건들을 정확하게 예측하는 것은 가능하지 않다. 절대자는 사건들을 완전하게 결정짓는 법칙들을 가지고 있을지도 모른다. 그런 절대자는 우주의 현재 상태를 교란시키지 않으면서 모든 물리량을 정확하게 측정할 수도 있을 것이다. 그러나 그러한 일은 우리와는 관계없는 일이다.

1920년대에 하이젠베르크, 에르빈 슈뢰딩거, 그리고 폴 디랙은 불확정성원리를 기반으로 양자역학이라는 새로운 역학을 완성했다. 양자역학에서는 입자들이 더 이상 명확하게 정의된 위치와 속력을 가지지 않는 대신 위치와 속도의 조합인 양자 상태를 가지게 되었다. 양자역학은 하나의 관측에 대해서 단일하고 분명한 결과를 예측하지 않는 대신 여러 가지 가능한 결과를 예측하고, 각각의 결과들이 나타날 확률에 대해서 알려준다. 다시 말해 관측 결과가 A나 B일 확률에 대해서는 예측할 수 있지만 개별적인 측정에 대한 구체적인 결과를 예측할 수는 없다.

따라서 양자역학은 과학에 예측 불가능성 또는 임의성이라는 요소를 도입했다. 아인슈타인은 자신이 양자역학의 개념들을 발전시키는 데 중요한 역할을 했음에도 불구하고 양자역학을 반대했다. 양자역학 발전에 기여한 공로로 노벨상을 받기도 했지만 우연에 의해 지배되는 양자역학을 결코 받아들일 수 없었던 것이다. 그의 생각은 "신은 주사위 놀이를 하지 않는다."라는 그의 유명한 말 속에 잘 요약되어 있다. 그러나 그를 제외한 대부분의 과학자들은 양자역학이 실험결과와 일치하기 때문에 이를 기꺼이 수용했다.

실제로 양자역학은 매우 성공적인 이론이었고 거의 모든 현대 과학과 기술의 기초를 이루고 있다. 양자역학은 텔레비전과 컴퓨터 같은 전자장치의 필수적인 구성 요소들인 트랜지스터와 집적 회로의 작동을 설명하는 기본 이론이며, 현대 화학과 생물학의 기본을 이루고 있다. 아직까지 양자역학으로 충분히 설명할 수 없는 물리학 분야는 중력과 우주의 대규모 구조를 다루는 분야뿐이다.

빛은 파동으로 이루어져 있지만 플랑크의 양자 가설은 빛이 어떤 경우에는 입자처럼 행동한다는 것을 나타내고 있다. 그런가 하면 하이젠베르크의 불확정성원리는 입자들이 파동처럼 행동한다는 것을 나타내고 있다. 입자들은 분명한 위치를 점하지 않지만 특정한 확률 분포로 확산되어 있다. 양자역학은 세상을 더 이상 입자나 파동으로 기술하지 않는 완전한 새로운 유형의 수학을 기반으로 하고 있다. 양자역학은 입자로도 그리고 파동으로도 기술될 수 있는 세계를 다룬다. 따라서 양자역학에는 파동과 입자의 이중성이 존재한다. 어떤 경우에는 입자가 파동처럼 상호작용하고, 또 다른 경우에는 파동이 입자처럼 상호작용한다.

양자역학의 중요한 결과 중 하나는 입자들 사이에서도 간섭현상을 관찰할 수 있다는 것이다. 간섭이란 두 개의 파동이 더해져 파동이 강해지거나 약해지는 현상을 말한다. 비눗방울에서 볼 수 있는 무지갯빛 색깔들은 빛의 간섭으로 인한 것이다. 비눗방울을 형성하는 얇은 막의 안쪽 면과 바깥쪽 면에서 반사된 빛이 간섭을 일으켜 어떤 색깔의 빛은 강해지고 어떤 색깔의 빛은 약해지기 때문에 막의 두께 변화에 따라 여러 가지 색깔이 나타난다.

양자역학에 의하면 입자들의 경우에도 간섭이 일어날 수 있다. 두 개의 슬릿이 나란히 나 있는 칸막이를 생각해 보자. 칸막이의 한쪽 편에 광원을 놓으면 대부분의 빛은 칸막이에 부딪히지만 그중 일부는 슬릿을 통과한 후 칸막이 뒤편에 설치한 스크린에 도달할 것이다. 빛이 광원에서 출발해서 두 개 슬릿 중 하나를 통과해 스크린에 도달하는 거리가 다르기 때문에 두 개 슬릿을 통과한 빛이 스크린에 도달했을 때는 각각의 위상이 달라진다. 따라서 스크린 위에 어떤 지점에서는 파동들이 서로를 상쇄되고, 어떤 지점에서는 강화된다. 그 결과 밝은 부분과 어두운 부분으로 이루어진 간섭무늬가 나타난다.

그런데 놀라운 사실은 빛 대신에 전자를 이용해도 같은 간섭무늬가 나타난다는 것이다. 하나의 슬릿을 가진 칸막이를 이용한 실험에서는 전자들이 스크린 전체에 분포하기 때문에 간섭무늬가 나타나지 않는다. 고전물리학에 의하면 두 개의 슬릿을 이용하여 실험을 하는 경우 스크린의 각 점에 도달하는 전자들의 수가 늘어날 뿐이다. 그러나 실제로는 간섭으로 인해 일부 지점에는 도달하는 전자들의 수가 줄어들어 간섭무늬가 나타난다.

전자를 두 개 동시에 슬릿을 통과시키는 경우 각각의 전자들이 두 개 슬릿 중 어느 하나를 지나게 되고, 따라서 전자들은 자신이 통과하는 슬릿이 그곳에 있는 유일한 슬릿인 것처럼 행동할 것이라는 것이 고전물리학의 설명이다. 그러나 실제로는 전자들을 동시에 방출시키면 간섭무늬가 나타난다. 이것은 전자들이 두 개의 슬릿을 동시에 통과한다는 것을 뜻한다.

입자들 사이에서 나타나는 간섭 현상은 화학과 생물학의 기본 단위이자 모든 물질의 기초 재료인 원자의 구조를 이해하는 데 중요한 역할을 한다. 20세기 초에는 원자는 태양 주위를 도는 행성들처럼 플러스 전하를 띠고 있는 원자핵 주위를 마이너스 전하를 띤 전자들이 회전하는 것으로 생각되었다.

태양과 행성들 사이에 작용하는 중력이 행성들을 공전 궤도 상에 붙들어 두는 것처럼 플러스 전하와 마이너스 전하 사이에 작용하는 전기적 인력이 전자를 궤도에 붙들어 두는 것이라고 생각했다. 그러나 전자기학 법칙들에 의하면 원자핵 주위를 도는 전자들은 에너지를 잃고 안쪽으로 나선을 그리며 떨어져서 원자핵과 충돌해야 한다. 이것은 원자로 이루어진 모든 물질이 빠른 속력으로 엄청난 고밀도에 상태로 붕괴할 수밖에 없음을 뜻한다.

이 문제에 대한 부분적인 해결책은 1913년에 덴마크에 과학자 닐스 보어에 의해서 제안되었다. 그는 전자들이 원자핵에서 임의적인 거리에서 돌 수 있는 것이 아니라 특정한 조건을 만족시키는 궤도 위에서만 돌 수 있다고 주장했다. 전자들이 원자핵으로부터 일정한 거리만큼 떨어져 있는 궤도 위에서만 원자핵을 돌아야 한다면 원자의 붕괴라는 문제가 해결될 수 있다. 전자들은 가장 작은 에너지를 가지고 있는 가장 가까운 거리까지만 원자핵에 접근할 수 있을 뿐 나선 궤도를 따라 원자핵으로 끌려들어갈 수 없기 때문이다.

보어의 모형은 원자핵 주위를 도는 전자를 하나만 가지고 있는 가장 간단한 원자인 수소가 내는 스펙트럼을 성공적으로 설명할 수 있게 했다. 그러나 보어 모형으로 수소보다 더 크고 복잡한 원자를 다룰 수 있을지가 명확하지 않았고, 전자들이 허용된 궤도에서만 원자핵을 돌 수 있다는 가정이 매우 자의적인 것처럼 생각되었다.

이 문제를 해결한 것이 양자역학이다. 양자역학에서는 전자를 속력에 따라 파장이 달라지는 파동으로 취급한다. 양자역학적으로 허용된 궤도의 길이는 전자 파장의 정수 배여야 한다. 이런 궤도에서는 전자 파동의 마루가 전자 파동이 원자핵 주위를 한 바퀴 돌 때마다 동일한 위치에 오게 된다. 따라서 그 파동들은 계속 보강간섭을 할 것이다. 이런 궤도가 보어 모형에서 허용된 궤도에 해당한다. 그러나 궤도의 길이가 파장의 정수배가 아닌 경우에는 각 파동의 마루는 전자가 회전해서 만들어지는 다른 파동의 골에 의해서 상쇄될 것이다. 따라서 이런 궤도들은 허용되지 않는다.

파동과 입자의 이중성을 시각화하는 방법은 미국의 과학자 리처드 파인만에 의해서 소개된 이른바 역사합산이라는 접근 방식이다. 이 접근 방법에서는 고전물리학에서와는 달리 입자들이 시공간 안에서 하나의 경로를 가지지 않고, 입자가 A에서 B까지 도달할 때 거쳐 갈 수 있는 가능한 모든 경로를 취하는 것으로 생각한다. 각각의 경로에는 그 경로와 연관된 파동의 진폭과 위상 값이 부여되어 있다.

입자가 A에서 B까지 가는 확률은 모든 경로를 거치는 파동들을 더해서 구할 수 있다. 다른 경로를 통과한 입자파동이 큰 위상 차이를 가지고 있는 경우에는 여러 경로를 통과한 입자 파동이 서로 상쇄될 것이다. 그러나 서로 다른 경로들을 통과한 입자 파동의 위상 차이가 그리 크지 않은 경우에는 입자 파동이 상쇄되지 않을 것이다. 이러한 경로들이 보어의 허용된 궤도에 해당한다.

이러한 개념들을 구체적인 수학적 형태로 나타내 보면 좀 더 복잡한 원자, 심지어는 분자의 허용된 궤도까지 계산할 수 있다. 분자의 구조와 그들 사이의 상호작용이 화학과 생물학의 기초를 이루고 있기 때문에 양자역학은 우리가 주위에서 볼 수 있는 거의 모든 것들을 불확정성원리의 한계 내에서 예측할 수 있게 해 준다. 그러나 몇 개 이상의 전자를 포함하고 있는 체계에서는 계산이 너무 복잡해 실제로 계산하는 것이 가능하지 않다.

큰 규모의 우주를 지배하는 아인슈타인의 일반상대성이론은 양자역학의 불확정성원리를 고려하지 않고 있다. 일반상대성이론의 예측이 관찰결과와 잘 맞는 것은 우리가 일상적으로 경험하는 중력장이 매우 약하기 때문이다. 그러나 블랙홀과 빅뱅 특이점 부근에서는 중력장이 매우 강해진다. 이처럼 강한 중력장에서는 양자역학의 효과가 중요해진다.

고전 물리학이 원자가 무한한 밀도로 붕괴할 것임을 예측함으로써 스스로의 붕괴를 재촉했듯이, 일반상대성이론은 밀도가 무한한 특이점의 존재를 예측함으로써 이론 자체의 붕괴를 예견하고 있었다. 우리는 아직까지 상대성이론과 양자역학을 하나로 통일시키는 완전한 이론을 가지고 있지 못하다. 그러나 우리의 목표는 완전한 통일이론을 찾아내는 것이다.

5. 소립자와 자연의 힘들

아리스토텔레스는 우주가 얼마든지 작은 크기로 나눌 수 있는 흙, 공기, 불, 물의 네 가지 기본 원소로 이루어져 있다고 믿었다. 그러나 데모크리토스와 같은 몇몇 그리스 철학자들은 물질이 더 쪼갤 수 없는 기본적인 알갱이인 원자들로 구성되어 있다고 주장했다. 그 후 2,000년이 넘는 오랜 세월 동안 대부분의 사람들이 4원소설을 받아들였다. 그러다가 1803년에 영국의 화학자이자 물리학자인 존 돌턴이 모든 물질이 원자로 이루어져 있다는 원자론을 다시 제안했다. 그러나 원자론이 널리 받아들여지게 된 것은 그로부터 다시 상당한 시간이 흐른 후인 20세기 초였다.

1905년에 아인슈타인은 특수상대성이론을 발표하기 몇 주일 전에 발표한 논문에서 브라운 운동이 액체 분자들의 충돌에 의한 것임을 밝혀냈다. 이것은 원자와 분자의 존재를 증명하는 것이었다. 그러나 이때쯤에는 원자들도 더 작은 입자들로 구성되어 있다는 사실이 알려지기 시작했다. 케임브리지대학 캐번디시 연구소의 조지프 톰슨이 1897년에 전자를 발견했고, 1911년에는 톰슨의 제자였던 어니스트 러더퍼드는 원자가 플러스 전하를 원자핵과 그 주위를 도는 전자들로 이루어져 있음을 밝혀냈다.

처음에는 원자가 플러스 전하를 띤 양성자와 마이너스 전하를 띤 전자로 이루어져 있다고 생각했다. 그러나 1932년에 러더퍼드의 동료인 제임스 채드윅이 양성자와 질량은 거의 같지만 전하를 띠지 않은 중성자가 원자에 포함되어 있다는 사실을 밝혀냈다. 채드윅은 이 발견으로 노벨상을 수상했다.

1950년대까지만 해도 양성자와 중성자를 기본 입자라고 생각했다. 그러나 과학자들은 양성자를 다른 양성자와 빠른 속도로 충돌시키는 실험을 통해 양성자도 그보다 작은 입자들로 구성되어 있다는 사실이 밝혀졌다. 캘리포니아공과대학의 물리학자 머리 겔만은 이 입자들을 쿼크라고 불렀다. 쿼크이론을 제안한 공로로 그는 1969년에 노벨상을 수상했다.

쿼크에는 업, 다운, 스트레인지, 참, 바텀, 탑의 여섯 가지 종류가 있다. 앞의 세 가지는 1960년대에 발견되었고, 참 쿼크는 1974년에, 바텀 쿼크는 1977년에, 그리고 마지막으로 탑 쿼크는 1995년에 발견되었다. 쿼크들은 다시 적색, 녹색, 청색의 세 가지 색깔을 가지고 있다. 그러나 쿼크가 실제로 색깔을 가지고 있는 것이 아니라 쿼크가 가지는 서로 다른 양자역학적 상태를 서로 다른 색깔이라고 한 것이다.

양성자는 두 개의 업 쿼크와 하나의 다운 쿼크로 이루어져 있으며, 중성자는 두 개의 다운 쿼크와 하나의 업 쿼크로 이루어져 있다. 양성자와 중성자를 이루는 쿼크들은 모두 다른 색깔을 가지기 때문에 삼원색의 빛을 합하면 색깔이 없어지는 것처럼 양성자나 중성자는 색깔을 가지지 않는다. 우리는 입자가속기를 이용해 다른 쿼크들로 이루어진 소립자들도 만들어 낼 수 있다. 그러나 그렇게 만들어진 쿼크들은 질량이 너무 커서 아주 빠른 속도로 양성자나 중성자로 붕괴하고 만다.

우리는 물질을 얼마나 작은 크기까지 볼 수 있을까? 빛의 파장은 원자의 크기보다 크기 때문에 빛을 이용해서는 원자보다 작은 입자들을 볼 수 없다. 원자보다 작은 입자들을 보려면 우리는 빛보다 훨씬 짧은 파장을 가진 고에너지 입자들을 사용해야 한다. 입자의 에너지가 높아질수록 파장이 짧아져서 우리가 볼 수 있는 길이가 줄어들기 때문이다. 이런 입자들의 에너지는 대개 전자볼트라는 단위로 측정한다. 러더퍼드가 원자핵을 발견하는 실험에 사용한 알파입자는 수백만 전자볼트의 에너지를 가지고 있었지만 최근에 건설된 입자가속기는 수십억 전자볼트의 에너지를 가지고 있는 입자를 만들어 낼 수 있다. 그렇다면 우리가 좀 더 높은 에너지를 사용할 때마다 더 작은 입자를 볼 수 있을까? 그럴 가능성도 있다. 그러나 우리가 자연의 기초 단위에 아주 가깝게 접근했다고 믿을 만한 몇 가지 이론적 근거가 있다.

모든 입자들은 스핀이라고 하는 물리량을 가지고 있다. 스핀은 입자들이 자신의 축을 중심으로 도는 자전이라고 생각할 수도 있다. 그러나 양자역학에 의하면 입자들이 명확하게 정의된 어떤 축도 가지지 않기 때문에 이것은 오해의 소지가 있다. 입자의 스핀은 그 입자가 각각의 방향에서 어떻게 보이는가 하는 것을 나타낸다. 스핀이 0인 입자는 모든 방향에서 같은 모습으로 보이지만, 스핀이 1인 입자는 완전히 한 바퀴를 돌려야 같은 모습으로 보인다.

그리고 스핀이 2인 입자는 반 바퀴만 회전해도 같은 모습이 된다. 이런 식으로 스핀 수가 높은 입자일수록 한 바퀴보다 작게 회전해도 원래의 모습과 같아진다. 따라서 스핀이 1/2인 입자는 두 바퀴를 회전시켜야 처음 모습과 같아진다. 지금까지 알려진 입자들은 스핀을 중심으로 두 그룹으로 나눌 수 있다. 스핀이 1/2의 홀수 배인 입자들을 페르미온이라고 부르는데, 페르미온은 물질을 구성하는 입자들이다. 페르미온은 1925년에 오스트리아의 물리학자 볼프강 파울리가 발견한 파울리의 배타원리라는 법칙에 따른다. 파울리는 이 발견으로 1945년에 노벨상을 받았다.

파울리의 배타원리란 두 개의 동일한 입자가 같은 양자역학적 상태에 있을 수 없다는 것이다. 따라서 양자역학적으로 상호 작용할 수 있는 범위 안에 있는 페르미온들은 다른 양자역학적 상태에 있어야 한다. 배타원리가 없었다면 모든 페르미온들이 같은 양자역학적 상태에 몰려 있어 쿼크들은 양성자와 중성자를 만들지 못했을 것이고, 원자가 만들어지지 못했을 것이다.

1928년에 폴 디랙이 특수상대성이론과 모순이 되지 않는 양자이론을 발표한 후에야 1/2의 스핀을 가지는 전자가 두 바퀴를 돌아야 원래의 모습으로 돌아오는 이유를 수학적으로 설명할 수 있었다. 디랙의 이론은 전자의 반입자인 양전자가 존재할 것임을 예측했는데, 1993년에 양전자가 실제로 발견되었다. 전자뿐만 아니라 모든 입자가 반입자를 가지고 있으며, 입자와 반입자 쌍이 만나면 소멸하여 에너지로 전환된다. 충분히 큰 에너지를 가진 빛은 입자와 반입자 쌍을 생성하기도 한다.

양자역학에서는 입자들 사이에 작용하는 힘들은 정수 스핀을 가진 입자들인 보손을 교환해 작용한다고 설명한다. 전자나 쿼크 같은 물질 입자가 힘 전달 입자인 보손을 방출하거나 받아들이면, 속도가 변한다. 따라서 보손입자를 교환하면 두 물질 입자들 사이에 힘이 작용한 것처럼 보인다. 힘을 전달하는 보손입자들은 배타원리를 따르지 않기 때문에 많은 보손들이 같은 양자역학적 상태를 가질 수 있다.

약한 핵력과 같이 큰 질량을 가진 보손입자들을 통해 작용하는 힘은 짧은 거리에서만 작용하지만, 광자나 그래비톤과 같이 질량이 0인 보손을 통해 작용하는 힘은 먼 거리에서도 작용할 수 있다. 보손입자들은 실제 입자들과는 달리 입자 검출기를 통해 검출할 수 없기 때문에 가상입자라고 부른다. 가상입자들을 직접 측정하는 것은 가능하지 않지만 측정 가능한 효과를 만들어 내기 때문에 그런 입자들이 존재한다는 것을 알 수 있다. 보손입자들이 광파나 중력파와 같은 파동으로 모습을 드러내기도 하는데, 이런 경우에는 직접 관측하는 것이 가능하다.

보손입자들의 종류에 따라 자연에 존재하는 힘들은 네 가지 종류로 나눌 수 있다. 힘들 중에서 가장 처음 발견된 힘은 중력이다. 질량이나 에너지 사이에 작용하는 중력은 멀리 떨어진 거리에서도 작용할 수 있으며, 항상 끌어당기는 인력으로만 작용한다. 중력은 물질 입자들이 그래비톤(중력자)이라고 하는 스핀이 2인 보손을 교환함으로써 작용한다. 중력이 먼 거리에서도 작용할 수 있는 것은 그래비톤이 질량을 가지고 있지 않기 때문이다. 그래비톤은 중력파라고 부르는 파동을 구성하고 있다. 2016년 2월 11일 레이저간섭계 관측소인 라이고LIGO가 중력파 측정에 성공했다.

두 번째로 발견된 힘은 전자기력이다. 전자기력은 전자나 쿼크처럼 전하를 띤 입자들 사이에 작용하는 힘으로 스핀이 1인

광자를 교환하여 작용한다. 원자핵 주위를 돌고 있는 전자가 높은 에너지 준위로부터 낮은 에너지 준위로 건너뛸 때 실제 광자가 방출된다. 그 광자가 적절한 파장을 가지고 있다면 우리 눈으로 감지할 수 있다. 광자가 원자와 충돌하면 전자를 낮은 에너지 궤도에서 높은 에너지 궤도로 이동시킬 수 있다.

세 번째로 발견된 힘은 약한 핵력이라고 부르는 힘이다. 약한 핵력은 방사성 붕괴에 관여하는 힘으로 W^+, W^-, Z^o라는 이름의 보손들을 교환하여 작용한다. 이 입자들은 각각 100기가 전자볼트 정도의 질량을 가지고 있어 짧은 거리에서만 작용한다.

와인버그–살람 이론에 따르면 100기가전자볼트보다 훨씬 큰 에너지에서는 약한 핵력을 매개하는 세 가지 입자들과 광자가 모두 비슷한 방식으로 행동하지만, 낮은 에너지에서는 이 입자들 사이의 대칭성이 붕괴되어, 광자나 W^+, W^-, Z^o와 같은 보손들로 나누어진다.

살람과 와인버그가 그들의 이론을 제기했을 당시의 입자가속기는 W^+, W^-, Z^o 입자들을 만들 수 있을 만큼 강력하지 못해 이 이론을 증명할 수 없었다. 그러나 약 10년 후 낮은 에너지에서 나타나는 현상들에 대한 이 이론의 예측들이 실험 결과와 일치했기 때문에 살람과 와인버그는 비슷한 이론을 제안한 셜던 글래쇼와 함께 1979년 노벨물리학상을 받았다.

자연에 존재하는 네 번째 힘은 강한 핵력이다. 강한 핵력은 양성자와 중성자를 이루고 있는 쿼크들을 하나로 묶어 주고, 양성자와 중성자가 원자핵을 이루도록 하는 힘이다. 이 힘은 글루온이라는 스핀이 1인 보손에 의해서 작용한다. 강한 핵력은 구속confinement이라는 특성을 가지고 있다.

구속이라는 특성은 양성자나 중성자가 세 가지 다른 색깔의 쿼크로 이루어져 색깔을 갖지 않게 되는 것처럼 입자들이 어떤 색도 띠지 않도록 하는 조합으로만 쿼크들을 결합시킨다. 그러므로 단독 쿼크가 존재할 수 없다. 단독 쿼크는 하나의 색깔만을 가지기 때문이다. 새 개의 쿼크로 이루어진 입자는 적색, 녹색, 청색의 쿼크들로 이루어져 있고, 두 개의 쿼크로 이루어진 입자들은 적색 쿼크는 반적색, 녹색 쿼크는 반녹색, 그리고 청색 쿼크는 반청색 쿼크와만 결합한다.

두 개의 쿼크로 이루어진 입자를 중간자라고 부른다. 중간자는 매우 불안정한데 그 이유는 쿼크와 반쿼크가 쌍소멸하여 전자와 다른 입자들로 바뀔 가능성이 있기 때문이다. 마찬가지로 구속은 단일 글루온이 존재할 가능성도 배제한다. 글루온 역시 색깔을 가지기 때문이다. 대신에 글루온도 여러 가지 색깔의 글루온들이 합쳐져서 흰색이 되는 글루온의 집합을 형성해야 한다. 그런 집합은 글루볼이라고 부르는 불안정한 입자를 형성한다.

강한 핵력에는 점근적 자유라는 또 하나의 특성이 있다. 강한 핵력은 중력이나 전자기력과 반대로 가까운 거리에서는 힘의 세기가 약해지고, 먼 거리에서는 강해진다. 따라서 아주 가까운 거리에서는 입자들이 자유롭게 행동하게 된다. 이렇게 아주 짧은 거리에서 입자들이 자유롭게 행동하는 것을 점근적 자유라고 한다.

전자기력과 약한 핵력을 하나로 통일시키는 데 성공한 물리학자들은 두 가지 힘을 강한 핵력과 결합시켜 이른바 대통일이론GUT을 만들려고 시도하고 있다. 이 통일이론에는 아직 중력이 포함되어 있지 않기 때문에 대통일이라는 이름이 어울리지 않는다. 게다가 이론적으로 설명할 수 없고, 실험을 통해서만 결정해야 하는 변수들을 여러 개 포함하고 있어 아직 완성된 이론이라고도 할 수 없다.

대통일이론이 예측하는 가장 흥미로운 사실은 양성자가 자발적으로 반전자와 같은 더 가벼운 입자들로 붕괴할 수 있다는 예측이다. 그러나 양성자를 이루는 쿼크가 자발적 붕괴에 필요한 에너지를 가지게 될 확률은 아주 낮아서 최소한 10^{30}년을 기다려야 양성자가 붕괴한다. 따라서 양성자가 자발적으로 붕괴하는 것을 관찰하려면 아주 많은 양성자를 관찰해야 한다. 양성자의 붕괴를 관찰하기 위해 미국 오하이오 주에 있는 모튼 암염 광산에서 8000톤의 물을 이용한 실험이 이루어졌지만 양성자 붕괴는 관측되지 않았다.

우리은하를 이루고 있는 물질은 모두 반입자가 아니라 입자로 이루어져 있다. 우리는 우리은하와 마찬가지로 다른 은하들도 모두 반입자가 아니라 입자들로 이루어져 있다고 믿고 있다. 현재로서는 어떤 은하는 입자로 이루어져 있고, 어떤 은하는 반입자들로 이루어져 있을 가능성은 크지 않아 보인다.

우리 우주가 입자로만 이루어지게 된 이유는 무엇일까? 우리에게는 입자가 반입자보다 많다는 것은 무척이나 다행한 일이다. 입자와 반입자의 수가 같았다면 우주 초기에 모든 입자들이 소멸했을 것이기 때문에 우리 우주는 물질이라곤 찾아볼 수 없는 텅 빈 우주가 되었을 것이다.

현재 우리는 입자가 반입자보다 많은 것은 물리법칙이 입자와 반입자에 동일하게 적용되지 않기 때문이라고 설명하고 있다. 1956년까지는 물리법칙이 C, P, T라고 하는 세 가지 대칭성을 만족시킨다고 생각했다. C 대칭은 입자와 반입자에 동일한 물리법칙이 적용되는 것을 뜻하고, P 대칭은 물리법칙이 거울상에 대해서 동일함을 뜻하며, T 대칭은 시간이 거꾸로 흐르는 경우에도 물리법칙이 동일하다는 것을 뜻한다.

그런데 1956년에 중국 출신의 미국 물리학자 리정다오와 양전닝이 약한 핵력은 P 대칭성을 따르지 않는다고 주장했다. 같은 해 동료인 우젠슝이 자기장 속에 방사성 원자의 원자핵을 일렬로 늘어 세워 같은 방향으로 스핀하게 만든 다음 전자들이 특정한 방향으로 더 많이 방출된다는 사실을 증명했다. 이듬해 리정다오와 양전닝은 그 연구로 노벨상을 받았다.

또한 약한 핵력은 C 대칭성을 따르지 않는다는 사실도 발견되었다. 이것은 반입자로 구성된 우주는 우리 우주와 다른 방식으로 행동함을 의미한다. 그럼에도 불구하고 약한 핵력은

C와 P가 결합된 CP 대칭성에 따라야 하는 것으로 생각했다. 그러나 1964년에 또 다른 두 명의 미국인인 제임스 크로닌과 발 피치가 K-중간자라는 입자의 붕괴에서는 CP 대칭성이 지켜지지 않는다는 사실을 발견했다. 크로닌과 피치는 이 발견으로 1980년에 노벨상을 받았다.

양자역학과 상대성이론을 다룬 모든 이론은 CPT 대칭성을 항상 따라야 함을 나타내는 수학 정리가 있다. CP 대칭성이 지켜지지 않으면서 CPT 대칭성이 성립하기 위해서는 물리법칙들이 T 대칭성을 따르지 않아야 한다. T 대칭성에 따르지 않는 힘들이 전자가 반쿼크로 바뀌는 것보다 더 많은 반전자들을 쿼크로 전환시켰다. 그 후 우주가 팽창하면서 온도가 낮아지자 반쿼크들은 쿼크와 함께 소멸되었고, 반쿼크보다 많았던 쿼크들이 살아남게 되었다. 그렇게 남은 쿼크들이 오늘날 우리가 관찰할 수 있는 물질이나 우리 자신을 구성하는 물질을 형성하게 되었다.

따라서 우리가 존재한다는 사실 자체가 대통일이론을 뒷받침하는 증거가 될 수 있다. 그러나 그것은 단지 정성적 근거일 뿐이어서, 상당한 불확실성이 개제되어 있다. 우리는 쌍소멸의 과정에서 살아남은 쿼크의 수를 예측할 수 없으며 심지어는 그 과정에서 쿼크와 반쿼크 중 어느 쪽이 남게 되는지조차도 예측할 수 없다. 양자중력이론이 이 문제를 해결해 줄 것으로 기대하고 있지만 양자중력이론은 아직 희미한 모습조차 드러내지 않고 있다.

6. 블랙홀

블랙홀이라는 말은 1969년 미국인 과학자 존 휠러가 처음 사용한 말로 그는 200여 년 전에 처음 예견된 신비로운 천체를 나타내기 위해 이 단어를 만들었다. 영국 케임브리지대학의 존 미첼은 1783년에 충분한 질량과 밀도를 가지고 있는 별은 강한 중력장을 가지기 때문에 빛조차도 빠져나오지 못할 것이라고 주장하는 논문을 발표했다.

미첼은 이러한 별들이 상당수 존재할지도 모른다고 주장했다. 이런 천체가 오늘날 우리가 블랙홀이라고 부르는 천체이다. 1799년부터 1825년 사이에 프랑스의 피에르 시몽 라플라스가 출판한 총 5권의 『천체역학』에도 질량이 큰 천체가 자체 중력 붕괴를 통해 빛도 빠져나올 수 없는 천체가 될 것이라고 주장했다. 그러나 후에 이 내용을 삭제한 것으로 보아 라플라스는 이런 천체의 존재를 확신하지는 못했던 것 같다.

빛을 입자의 흐름이라고 주장했던 입자설에서는 빛에도 중력이 작용할 것이라고 생각했지만, 19세기 초에 빛이 파동이라는 것이 밝혀지면서 빛에도 중력이 작용하는지에 대해 논쟁을 벌였다. 그러나 확실한 결론을 내리지 못했다. 중력이 빛에 어떤 영향을 주는지를 이해하고 이를 바탕으로 별이 블랙홀로 붕괴되는 과정을 제대로 설명할 수 있게 된 것은 1915년에 아인슈타인이 일반상대성이론을 제안한 후의 일이다.

블랙홀 형성 과정을 이해하기 위해서는 먼저 별의 일생에 대하여 알아야 한다. 별은 우주 공간에 흩어져 있는 많은 양의 기체가 중력에 의해 응축하면서 만들어진다. 자체 중력에 의해 응축하기 시작한 기체의 중심부분의 온도와 압력이 수소 원자핵과 융합하여 헬륨 원자핵을 형성할 수 있을 정도로 높아지면 핵융합 반응에 의해 제공된 에너지에 의해 별이 빛나게 된다.

핵융합에 의해 제공된 에너지가 바깥쪽으로 작용하는 기체의 압력을 증가시켜 중력에 의해 안쪽으로 향하는 압력과 같아지면 별은 오랫동안 안정된 상태를 유지한다. 질량이 큰 별들은 더 빨리 연료를 소비하기 때문에 일생이 짧고, 질량이 작은 별들에서는 핵융합 반응이 천천히 진행되기 때문에 일생이 길다. 약 46억 년에 탄생한 태양은 앞으로도 50억 년 동안은 더 빛날 것이다. 그러나 태양보다 질량이 더 큰 별들은 1억 년이면 연료를 모두 소모하게 된다.

별이 연료를 모두 사용하면 다시 수축하기 시작하는데 이때 어떤 일이 발생하는지를 이해하기 시작한 것은 1920년대부터였다. 1928년에 일반상대성이론의 전문가인 영국의 천문학자 아서 에딩턴과 연구하기 위해 영국으로 향하는 배를 타고 여행하던 인도의 수브라마니안 찬드라세카르가 배 안에서 별이 연료를 모두 소모한 후에 자체 중력을 지탱할 수 있는 크기가 어느 정도인지를 계산했다.

별이 응축함에 따라 별의 크기가 작아질수록 물질 입자들은 서로 가까워질 것이고, 따라서 파울리의 배타원리에 의해 다른 입자들을 밀어내야 한다. 찬드라세카르는 별의 밀도가 커지면 중력이 배타원리로 인한 반발력보다 강해질 것이기 때문에 태양 질량의 1.4배 이상인 별은 자체 중력을 지탱하지 못할 것이라는 결론을 얻고, 그의 이름을 따서 이를 '찬드라세카르 한계'라고 명명하게 되었다.

별의 질량이 찬드라세카르 한계보다 작으면 그 별은 수축을 멈추고 백색왜성으로 일생을 마칠 것이다. 천문학자들은 하늘에서 수많은 백색왜성을 찾아냈다. 최초로 발견된 백색왜성 중 하나는 밤하늘에서 가장 밝은 별인 시리우스의 동반성이다.

아제르바이잔 출신의 물리학자 레프 다비도비치 란다우는 찬드라세카르 한계 이상의 질량을 가지는 별들은 중성자별로 일생을 마치게 될 것이라고 주장했다. 중성자별은 반지름이 16킬로미터 정도밖에 되지 않지만, 밀도는 13제곱센티미터당 수억 톤이나 된다. 중성자별이 실제로 발견된 것은 훨씬 후의 일이다. 그러나 중성자별이 지탱할 수 있는 질량에도 한계가 있다.

중성자별로서도 지탱할 수 없을 정도로 많은 질량을 가진 별들은 무한대의 밀도로 붕괴해야 한다. 찬드라세카르의 연구를 지원했던 에딩턴조차도 별이 무한대의 밀도로 붕괴할 수도 있음을 의미하고 있는 찬드라세카르의 결론을 받아들이지 않았다. 에딩턴은 별이 하나의 점으로 붕괴한다는 것은 가능하지 않다고 생각했다. 그것은 당시 대부분에 과학자들의 생각이기도 했다.

별의 구조에 대한 최고의 권위자이자 스승이었던 에딩턴의 반대로 찬드라세카르는 자신의 연구를 포기하고 대신에 성단의 운동과 같은 천문학의 다른 주제로 연구 방향을 바꿔야 했다. 그러나 1983년에 그가 노벨상을 수상한 것은 백색왜성의 한계 질량에 대한 그의 초기 연구 덕분이었다.

질량이 큰 별에서 일어나는 일들을 제대로 이해할 수 있게 된 것은 1939년에 미국의 젊은 물리학자 로버트 오펜하이머가 중력 붕괴 문제를 다룬 논문을 발표한 후의 일이었다. 오펜하이머는 별의 중력장이 빛의 경로를 휘어 놓기 때문에 빛원뿔이 별의 표면 쪽으로 휘어지게 되는데, 별이 수축함에 따라 중력장이 더욱 강해지면 빛원뿔이 안쪽으로 극도로 헤어져서 빛도 더 이상 별 표면을 빠져나오지 못하게 된다고 설명했다. 그러나 제2차 세계대전으로 중력 붕괴에 대한 연구가 한동안 중단되었다가 1960년대가 되어서야 다시 과학자들이 이 문제에 관심을 갖기 시작했다.

빛이 빠져나올 수 없다면, 아무것도 그런 별을 탈출할 수 없게 되므로, 멀리 떨어진 관측자에게 아무런 영향도 미칠 수 없는 시공간 영역이 존재하게 된다. 이 영역이 우리가 오늘날 블랙홀이라고 부르는 것이다. 블랙홀의 경계를 사건의 지평선이라고 부른다.

별이 붕괴해서 블랙홀이 되는 과정을 지켜보고 있는 관찰자는 무엇을 관찰할까? 별이 수축함에 따라 관찰자에게 도달하는 파동들 사이의 시간 간격이 점차 느려져 별에서 나오는 빛은 점점 더 붉어지다가 결국에는 더 이상 아무것도 보이지 않게 되고, 뒤에 남는 것은 공간 속에 있는 블랙홀뿐일 것이다. 그러나 그 별은 블랙홀이 된 후에도 주변의 다른 천체에 동일한 중력을 계속 작용할 것이다.

펜로즈와 호킹은 1965년부터 1970년 사이에 수행한 연구를 통해 일반상대성이론에 따른다면 블랙홀 속에 무한한 밀도와 무한한 시공간 곡률을 가지는 특이점이 존재할 것임을 증명했다. 특이점에서는 과학 법칙과 미래를 예측하는 우리의 능력이 모두 사라져 버릴 것이다. 그러나 블랙홀 바깥에 머물고 있는 관찰자는 아무런 영향도 받지 않을 것이다. 빛을 포함한 어떤 신호도 특이점으로부터 그에게 도달할 수 없기 때문이다.

펜로즈는 이러한 사실을 바탕으로 우주 검열관 가설을 제안했다. 중력 붕괴에 의해서 생성되는 특이점은 사건의 지평선에 의해서 외부로부터 완전히 차단된다는 것이다. 이것은 '신은 자신을 드러내는 특이점을 혐오한다'라는 말로 바꿔 말하기도 한다. 우주 검열관 가설은 블랙홀에서 멀리 있는 관찰자를 블랙홀로부터 보호해 준다.

아무것도 빠져나올 수 없는 시공간 영역의 경계인 사건의 지평선은 블랙홀 주위에 둘러쳐져 있는 일방통행만 가능한 문과도 같다. 사건의 지평선을 지나서 블랙홀 속으로 떨어질 수는 있지만 그 무엇도 사건의 지평선을 통과해서 블랙홀 밖으로 나올 수는 없다.

일반상대성이론은 움직이고 있는 물체는 시공간에 곡률의 파문을 일으킬 것이며, 그 파동은 빛의 속도로 달린다고 예측했다. 시공간 곡률의 파동인 중력파는 극히 미세한 거리의 변화를 통해서만 관측이 가능하다. 미국, 유럽, 일본 등지에는 10^{21}분의 1센티미터의 거리 변화를 측정할 수 있는 LIGO(중력파 측정장치)가 설치되어 있다. 이런 장치들은 10킬로미터의 거리에서 원자핵 크기 정도의 길이 변화를 찾아낸다. 2016년 2월

11일에 LIGO가 중력파를 측정했다고 발표했다.

1967년에 캐나다의 과학자 워너 이즈리얼에 의해 블랙홀에 대한 연구에 일대 혁명이 일어났다. 이즈리얼은 일반상대성이론에 따르면 자전하지 않는 블랙홀은 매우 단순해야 한다는 것을 증명했다. 이즈리얼을 포함해서 많은 사람들은 블랙홀이 완벽한 구형이어야 하기 때문에 블랙홀은 완전히 구형인 천체의 붕괴를 통해서만 생성될 수 있다고 주장했다.

그러나 펜로즈와 휠러는 별이 붕괴하는 과정에서 방출되는 중력파가 그 별을 구형으로 만들기 때문에 자전하지 않는 모든 별은 그 형태와 내부 구조가 아무리 복잡하더라도 완전한 구형 블랙홀이 될 것이라고 설명했다. 이후 이루어진 계산 결과들은 이러한 주장을 뒷받침해 주었다.

1963년에 뉴질랜드의 과학자 로이 커는 자전하는 블랙홀을 기술하는 일반상대성이론 방정식의 해들을 발견했다. 일정한 속력으로 회전하는 블랙홀들의 크기와 형태는 블랙홀의 질량과 자전속도에 의해 결정된다. 자전속도가 0일 경우에는 구형의 블랙홀이 만들어지지만, 회전하고 있는 경우에는 적도 부근이 바깥쪽으로 불룩 튀어나온 형상을 하게 될 것이다.

1970년에 케임브리지대학의 브랜든 카터가 자전하는 블랙홀이 대칭축을 가지고 있다면 그 크기와 형태는 질량과 자전속도와만 관계를 가진다는 것을 증명했고, 1971년에는 호킹이 자전하는 모든 블랙홀이 대칭축을 가지고 있음을 증명했다. 그리고 1973년에 런던의 킹스칼리지의 데이비드 로빈슨이 이전 연구 결과들을 종합하여 블랙홀의 크기와 형태는 질량과 자전 속도에 의해서만 결정되며 붕괴를 일으켜서 블랙홀을 형성한 그 천체의 다른 성질과는 무관하다는 것을 밝혀냈다. 이 결과는 '블랙홀은 털을 가지지 않는다'라는 말로 알려지게 되었다. 이것은 블랙홀이 형성될 때 많은 양의 정보가 상실됨을 의미했다.

블랙홀은 관측을 통해서 그 모형이 옳다는 증거가 얻어지기 이전에 수학적 모형을 이용해 상세한 내용까지 설명될 수 있었던 몇 안 되는 예들 중 하나이다. 그러나 블랙홀은 수학적인 해일뿐이어서 실제로는 존재하지 않는다고 주장하는 사람들도 많았다. 그런 사람들은 유일한 증거라고는 모호한 일반상대성이론에 기반을 둔 계산밖에 없는 천체를 어떻게 믿을 수 있느냐고 반문했다.

그러나 1963년에 캘리포니아에 있는 팔로마 천문대 천문학자 마틴 슈미트는 3C273이라고 부르는 전파원에서 희미한 별처럼 보이는 천체의 적색편이를 측정했다. 이 천체에서 관측된 아주 큰 적색편이가 우주의 팽창으로 인한 것이라면 이 전체는 아주 멀리 떨어져 있어야 했다. 그렇게 먼 거리에서도 관측이 가능하려면 이 천체는 엄청난 양의 에너지를 방출하지 않으면 안 된다. 그 정도로 많은 양의 에너지를 방출하는 천체는 은하 중심에 자리 잡고 있는 거대 블랙홀 밖에 없다.

1967년에 케임브리지의 대학원생이던 조세린 벨-버넬이 발견한 펄사는 자전하고 있는 중성자별이라는 것이 밝혀졌다. 이 발견은 중성자별이 존재한다는 최초의 명확한 증거였다. 중성자별의 지름은 블랙홀이 될 수 있는 임계 지름의 몇 배밖에 되지 않는다. 별이 이렇게 작은 크기로 붕괴할 수 있다면 다른 별들이 그보다 더 작은 크기로 붕괴해서 블랙홀이 될 수 있다고 추정하는 것도 어렵지 않다.

빛도 탈출할 수 없는 블랙홀을 직접 측정하는 것이 과연 가능할까? 블랙홀이 주변 천체에 미치는 중력 작용을 측정하면 된다. 천문학자들은 관측이 가능한 별이 보이지 않는 동반성 주위를 회전하는 연성을 많이 찾아냈다. 보이지 않는 동반성이 블랙홀이라고 결론지을 수는 없지만 이들이 블랙홀일 수 있다는 강력한 증거가 있다.

백조자리 X-1과 같은 일부 연성은 강력한 엑스선을 방출하고 있다. 이 엑스선에 대한 가장 그럴듯한 설명은 보이는 별 표면에서 물질이 날아가 보이지 않는 동반성으로 떨어지면서 나선 운동을 하게 되고, 그에 따라 매우 뜨거워져서 엑스선을 방출하게 된다는 것이다. 백조자리 X-1의 최소 질량은 태양 질량의 약 6배에 해당한다. 이 질량은 백색왜성이나 중성자별이 되기에는 너무 크다. 따라서 그 전체는 블랙홀일 가능성이 크다.

퀘이사의 중심에는 태양 질량의 약 1억 배나 되는 엄청난 질량을 가진 초대형 블랙홀이 자리 잡고 있을 것이다. M87 은하를 허블우주망원경으로 관측한 결과 이 은하가 태양 질량의 20억 배나 되는 중심 물질 주위를 회전하는 직경 130광년의 기체 원반을 가지고 있다는 사실이 밝혀졌다. 그러한 물체는 블랙홀 밖에는 없다.

나선을 그리면서 블랙홀 안으로 빨려 들어가는 물질은 블랙홀을 같은 방향으로 회전하게 만들 것이며, 따라서 강한 자기장을 만들 것이다. 블랙홀로 떨어지는 물질에 의해서 블랙홀 가까운 곳에서 초고에너지 입자들이 생성될 것이고, 이 입자들은 강한 자기장에 의해 블랙홀의 회전축을 따라서 바깥쪽으로 분출하는 흐름을 형성할 것이다. 이러한 흐름이 많은 은하와 퀘이사에서 실제로 발견되었다.

우리는 태양보다 훨씬 질량이 작은 블랙홀이 존재할 가능성도 생각해 볼 수 있다. 질량이 작은 블랙홀들은 매우 큰 외부의 압력에 의해서 물질이 엄청난 밀도로 압축될 때 형성될 수 있다. 아주 큰 수소폭탄이 폭발할 때 이러한 조건이 만들어질 수 있다. 휠러는 전 세계의 바다 속에 들어 있는 중수를 모두 모으면 블랙홀을 만들 수 있는 수소폭탄을 제조할 수 있을 것이라는 계산 결과를 내놓기도 했다.

질량이 작은 블랙홀이 탄생 초기 우주의 고온 고압 상태에서도 생성될 수 있었을 것이다. 우리는 우주 배경복사에 대한 관측을 통해 크기가 작기는 하지만 초기 우주에 밀도의 불균일이 있었다는 것을 알고 있다. 이러한 밀도의 불균일이 원시 블랙홀의 형성으로 이어지게 되었는지를 판단하기 위해서는 좀 더 많은 관측 결과가 필요할 것이다.

7. 블랙홀은 그다지 검지 않다

블랙홀의 경계라고 할 수 있는 사건의 지평선 표면의 넓이는 시간의 흐름에 따라서 동일하거나 늘어나지만 결코 줄어들 수는 없다. 사건의 지평선을 통해서 안으로 들어갈 수는 있지만 아무것도 밖으로 나올 수는 없기 때문이다. 두 개의 블랙홀들이 충돌해서 하나의 블랙홀이 되는 경우에도 최종적으로 생성된 블랙홀의 사건의 지평선 넓이는 원래 블랙홀들의 사건의 지평선 넓이의 합과 같거나 더 넓을 것이다. 사건의 지평선 넓이가 줄어들지 않는다는 특성은 블랙홀의 행동에 중요한 제약을 가한다.

블랙홀의 넓이가 줄어들지 않는다는 특성은 엔트로피라고 부르는 물리량을 상기시킨다. 엔트로피는 어떤 체계의 무질서도를 측정하는 양이다. 사물을 그대로 방치해 두었을 때 무질서도가 늘어난다는 것은 우리가 쉽게 경험할 수 있는 일이다. 엔트로피는 감소할 수 없다는 법칙이 열역학 제2법칙이다.

열역학 제2법칙에 의하면 고립된 계의 엔트로피는 감소할 수 없으며, 두 개의 계가 하나로 결합했을 때 그 결합된 계의 엔트로피는 개별 계들의 엔트로피의 합보다 커야 한다. 칸막이로 나눠진 상자의 한쪽 편에 분자들이 몰려 있는 경우, 상자를 나누어 놓은 칸막이를 제거하면 기체 분자들이 상자 전체로 퍼져 나갈 것이다. 시간이 흐른 후 분자들이 우연히 상자의 한쪽에 몰려 있을 수도 있지만, 상자의 양쪽에 대략 같은 수의 분자들이 분포할 확률이 훨씬 크다.

모든 기체 분자들이 상자의 한쪽 절반에 몰려 있을 확률은 거의 0에 가깝다. 그것은 열역학 제2법칙이 성립되지 않을 확률이 0에 가깝다는 것을 나타낸다. 그러나 블랙홀이 있다면 열역학 제2법칙을 쉽게 무력화시킬 수 있을 것이다. 기체가 들어 있는 상자와 같이 엔트로피가 높은 물체를 블랙홀 속으로 던져 놓기만 하면 된다. 그렇게 되면 블랙홀 외부의 엔트로피는 낮아질 것이다. 그러나 우리는 블랙홀 내부를 들여다볼 수 없기 때문에 블랙홀 내부의 엔트로피는 알 수 없다.

그렇다면 블랙홀 내부의 엔트로피를 알 수 있는 방법이 있을까? 프린스턴대학의 대학원 학생이었던 제이콥 베켄스타인이 사건의 지평선의 넓이가 그 블랙홀의 엔트로피를 측정할 있는 척도라는 주장을 제기했다. 엔트로피를 가진 물질이 블랙홀 속으로 떨어질 때 그 블랙홀의 사건의 지평선의 넓이가 늘어날 것이며 따라서 블랙홀 바깥쪽 물질의 총 엔트로피와 사건의 지평선의 넓이의 합은 결코 줄어들지 않는다는 것이다.

그러나 이러한 주장에는 치명적인 문제가 있다. 블랙홀이 엔트로피를 가진다면 그 블랙홀은 온도를 가져야 하고, 일정한 비율로 복사선을 방출해야 한다. 그러나 블랙홀은 아무것도 방출하지 않기 때문에 사건의 지평선 넓이를 블랙홀의 엔트로피를 나타내는 척도로 간주할 수 없을 것 같았다.

1973년 9월 모스크바를 방문하고 있던 호킹은 소련의 두 저명한 전문가인 야코프 젤도비치와 알렉산드르 스타로 빈스키와 블랙홀에 대해서 이야기할 기회를 가졌다. 소련 과학자들은 불확정성원리에 따르면 자전하는 블랙홀이 입자를 방출해야 한다고 주장했다. 그 후 호킹은 그들의 주장을 설명할 수 있는 수학적 방법에 대해 연구하고, 그 결과를 1973년 11월 말에 옥스퍼드에서 열린 세미나에서 발표했다.

호킹은 자전하지 않는 블랙홀도 일정한 비율로 입자를 생성하고 방출할 수 있다는 사실을 알아냈다. 블랙홀은 열역학 제2법칙을 위반하지 않을 만큼의 복사선을 방출하고 있었다.

그 후로 많은 사람들이 이러한 사실을 확인했다. 그들은 블랙홀의 질량이 커질수록 블랙홀은 더 낮은 온도의 물체가 내는 입자와 복사를 방출해야 한다는 사실을 확인했다.

사건의 지평선에서는 아무것도 빠져나올 수 없다고 알려져 있는데도 불구하고 블랙홀이 입자를 방출하는 것이 어떻게 가능할까? 입자들은 블랙홀 안에서 나오는 것이 아니라 사건의 지평선 바로 바깥쪽에 있는 빈 공간에서 나오는 것이었다. 불확정성 원리로 인해 텅 빈 공간이라고 해도 완전히 비어 있을 수는 없다.

완전히 비어 있다면 전자기장과 같은 모든 장들이 정확히 0이어야 하고, 이들의 변화 또한 0이어야 한다. 불확정성원리에 의하면 두 가지 양들 중 어느 하나를 더 정확하게 알면 다른 양은 덜 정확해져야 한다. 따라서 빈 공간에서 장의 세기(0)와 세기의 변화(0)가 동시에 정확한 값을 가질 수 없기 때문에 양자 요동이 있어야 한다. 우리는 이러한 요동을 나타났다가 다시 소멸하여 사라지는 가상입자 쌍들이라고 생각할 수 있다.

사건의 지평선 바로 바깥쪽에 있는 공간에서 에너지의 요동에 의해 입자와 반입자 쌍이 만들어진 경우 그 중 마이너스 에너지를 가지고 있는 입자는 블랙홀 안으로 떨어지고, 플러스 에너지를 가지고 있는 입자는 블랙홀을 탈출할 수도 있을 것이다. 멀리 떨어져서 이것을 관측하고 있는 관찰자에게는 블랙홀에서 입자가 방출되는 것처럼 보일 것이다. 블랙홀이 작을수록 입자가 블랙홀을 탈출하기 위해 이동해야 하는 거리가 짧아져 더 많은 입자가 방출될 것이고, 따라서 블랙홀의 온도가 높아질 것이다.

아인슈타인의 방정식 $E=mc^2$에 따르면 에너지는 질량에 비례한다. 따라서 마이너스의 에너지를 가진 입자가 블랙홀 내부로 유입되면 블랙홀의 질량이 감소한다. 블랙홀의 질량이 작아짐에 따라 사건의 지평선 넓이도 점차 줄어든다. 따라서 사건의 지평선 넓이가 블랙홀의 엔트로피를 나타낸다면 블랙홀에서도 열역학 제2법칙이 성립한다.

이러한 계산에 따르면 블랙홀의 질량이 작을수록 블랙홀의 온도가 높다. 따라서 블랙홀이 질량을 잃을수록 그 온도와 입자 방출 속도가 빨라진다. 블랙홀이 질량을 상실해 크기가 극도로 작아졌을 때 어떤 일이 일어날지에 대해서는 확실한 것을 알 수 없지만, 수백만 개의 수소폭탄의 폭발과 맞먹을 정도로 엄청난 복사선을 방출하면서 완전히 사라질 가능성이 크다.

태양 질량과 비슷한 질량을 가진 블랙홀의 온도는 1000만 분의 1K에 불과하다. 이 온도는 마이크로파 배경복사의 온도인 2.7K보다도 훨씬 낮은 온도이다. 따라서 이러한 블랙홀은 방출하는 복사선보다 더 많은 복사선을 흡수할 것이다. 그러나 우주가 팽창을 계속한다면 언젠가는 배경복사의 온도가 블랙홀의 온도보다 낮아질 것이다. 그때가 되면 블랙홀이 질량을 상실하기 시작할 것이다. 그러나 그때도 블랙홀의 온도는 너무 낮아서 블랙홀이 완전히 증발하기까지는 100만×100만×…×100만(10^{66})년이 걸릴 것이다. 이 정도의 시간이라면 우주의 나이보다도 더 길다.

그러나 우주의 초기 단계에 균일성의 붕괴에 의해서 만들어진 훨씬 더 작은 질량의 원시 블랙홀이 존재한다면 이러한 원시 블랙홀들은 온도가 높아 많은 양의 복사선을 방출하고 있을 것이다. 수십억 톤의 초기 질량을 가진 원시 블랙홀은 대략 우주의 나이와 같은 수명을 가진다. 이보다 적은 질량을 가진 원시 블랙홀들은 이미 완전히 증발해 버렸을 것이다. 그러나 그보다 약간이라도 더 많은 질량을 가진 블랙홀들은 현재도 엑스선과 감마선 형태로 복사를 방출하고 있을 것이다.

이러한 블랙홀을 에너지원으로 사용하기는 어려울 것이다. 커다란 산이 블랙홀이 되려면 원자핵 크기로 압축되어야 한다. 이런 블랙홀을 지구에 가지고 온다면 지각을 뚫고 지구의 중심으로 떨어지는 것을 막을 수 있는 방법이 없을 것이다. 그 블랙홀은 지구를 관통하면서 계속 진동하다가 결국 지구 중심에 멈추게 될 것이다.

이러한 원시 블랙홀에서 나오는 에너지를 사용할 수는 없다고 하더라도 그것들을 관측할 수는 있을까? 멀리 떨어져 있는 원시 블랙홀에서 방출되는 복사선은 아주 약하겠지만, 우주 전체에 분포해 있는 블랙홀에서 나오는 복사선은 검출이 가능할 것이다. 우리는 실제로 우주에서 오는 감마선을 관측하고 있다.

그러나 이 감마선이 원시 블랙홀이 아닌 다른 과정에 의해서 생성되었을 가능성이 높다. 따라서 우주에서 오는 감마선의 관측이 원시 블랙홀에 대한 결정적인 증거가 될 수는 없다. 그러나 우주에서 오는 감마선의 세기로 보아 원시 블랙홀이 존재한다고 해도 13제곱광년 당 300개 이상의 원시 블랙홀이 존재할 수 없다는 것을 알 수 있다. 이것은 원시 블랙홀들이 기껏해야 우주 전체 물질의 100만 분의 1에 불과하다는 사실을 나타낸다.

원시 블랙홀들은 흔하지 않기 때문에 원시 블랙홀 하나가 내는 감마선을 관측할 수 있을 만큼 우리에게 가까이 존재할 가능성은 매우 낮다. 그러나 중력이 블랙홀들을 끌어당기기 때문에 은하 주위에는 은하 사이의 공간보다 원시 블랙홀들이 더 많이 존재할 가능성이 있다. 따라서 감마선 측정 결과가 13제곱광년 당 평균 300개 이상의 원시 블랙홀이 있을 수 없다는 것을 나타낸다고 하더라도, 우리은하 안에는 그보다 많은 원시 블랙홀이 있을 수도 있다.

원시 블랙홀들이 이보다 백만 배 정도 더 많다면 우리에게 가장 가까운 블랙홀은 태양에서 명왕성까지의 거리에 해당하는 약 10억 킬로미터 정도 떨어져 있을 것이다. 이런 경우에도 원시 블랙홀이 내는 복사선을 감지하기는 매우 어려울 것이다. 원시 블랙홀을 관측하기 위해서는 적어도 일주일 정도의 기간 동안 같은 방향에서 여러 개 감마선 광자를 검출해야 한다.

그러나 감마선은 진동수가 매우 크므로 1만 메가와트를 방출하는 데에도 많은 광자가 필요하지 않을 것이다. 그리고 명왕성 정도의 거리에서 오는 몇 개 안되는 광자를 검출하기 위해서는 지금까지 건설된 것들보다 훨씬 더 큰 감마선 검출 장치가 필요할 것이다. 게다가 그 검출기는 우주 공간에 설치되어야 한다. 감마선은 대기권을 뚫고 들어올 수 없기 때문이다.

명왕성의 거리 정도로 가까운 거리에 있는 블랙홀이 수명을 다해서 폭발한다면 최후 폭발 시에 방출되는 복사선을 쉽게 검출할 수 있을 것이다. 그러나 지난 128억 년 동안 존재하던 블랙홀이 수년 이내에 종말을 맞이할 가능성은 아주 낮을 것이다. 우주에서 오는 감마선을 처음 관찰한 것은 대기권 내 핵실험 금지조약의 위반을 감시하기 위해서 발사한 인공위성이었다.

우주에서 오는 감마선은 한 달에 약 16회 정도 검출되며 하늘의 모든 방향에서 거의 균일하게 분포되어 있다. 이것은 그 감마선이 태양계나 우리은하 밖에서 온다는 것을 나타낸다. 그렇지 않다면 감마선이 행성들의 궤도면이나 은하면에 집중되어야 하기 때문이다. 감마선이 은하 바깥에서 오는 경우에는 작은 블랙홀로는 감마선의 큰 에너지를 설명할 수 없다.

일반상대성이론과 양자역학을 바탕으로 한 블랙홀이 복사선을 방출할 것이라는 예측은 블랙홀에 대한 기존의 생각을 완전히 뒤엎는 것이었기 때문에 처음에는 격렬한 반론이 제기되었다. 그러나 대부분의 과학자들은 일반상대성이론과 양자역학의 기본 개념들이 옳다면 블랙홀이 뜨거운 물체와 마찬가지로 복사선을 방출해야 한다는 결론에 도달하게 되었다. 따라서 원시 블랙홀이 존재한다면 그 블랙홀이 감마선과 엑스선을 방출할 것이라는 일반적인 합의가 이루어져 있다.

블랙홀로부터의 복사선이 방출된다는 것은 과거에 우리가 생각했던 것처럼 중력 붕괴가 최종적이거나 되돌릴 수 없는 현상이 아님을 나타낸다. 물질이 블랙홀 안으로 떨어지면 블랙홀의 질량이 증가해서 결국 추가적 질량에 상응하는 에너지가 복사선 형태로 우주로 되돌아오게 된다. 그러나 블랙홀에서 방출되는 입자들은 원래의 입자들과는 다른 종류의 입자일 것이다. 블랙홀로 사라진 물질의 특성 중에서 유일하게 살아남을 수 있는 것은 질량과 에너지뿐이다.

8. 우주의 기원과 운명

아인슈타인의 일반상대성이론은 시공간이 빅뱅 특이점에서 시작되어 빅크런치 특이점에서 끝날 수도 있다고 예측하고 있다. 블랙홀 속으로 떨어져 들어가는 모든 물질은 특이점에서 파괴될 것이고, 블랙홀 바깥에서는 질량에 의한 중력효과만 감지할 수 있을 것이다. 그러나 양자효과를 고려하면 블랙홀의 질량이나 에너지는 우주의 나머지 부분으로 환원될 것이며, 블랙홀은 모두 증발해 버릴 것이다. 그렇다면 양자역학은 빅뱅과 빅크런치 특이점에 대해서는 어떤 예측을 할까?

1970년대에 블랙홀 연구에 매달려 있던 호킹은 1981년에 바티칸에서 예수회가 주최한 우주론에 대한 회의에 참석한 것을 계기로 우주의 운명에 대해 관심을 갖게 되었다. 대부분의 과학자들은 프리드만의 모형이 설명하는 것처럼 우주가 빅뱅으로 시작했다고 믿고 있다. 이 모형에 의하면 우주가 팽창할수록 물질이나 복사의 온도가 내려간다. 초고온 상태에서는 입자들이 빠른 속도로 움직이기 때문에 핵력이나 전자기력에서 벗어날 수 있다. 그러나 온도가 내려가면 핵력이나 전자기력에 의해 더 큰 입자들을 형성하기 시작한다.

따라서 우주에 존재하는 입자들의 종류는 온도에 따라 달라진다. 충분히 높은 온도에서는 큰 에너지를 가지고 있는 입자들이 충돌할 때마다 다양한 종류의 입자 반입자 쌍이 생성된다. 이러한 입자와 반입자 쌍들은 곧 소멸하겠지만, 높은 온도에서는 소멸 속도보다 생성 속도가 더 빠를 것이다. 그러나 온도가 낮아지면 입자 반입자 쌍의 생성 속도보다 소멸 속도가 더 빨라질 것이다.

빅뱅의 순간에 우주의 크기는 0이었고, 온도와 밀도는 무한대였을 것이다. 빅뱅이 일어나고 1초 후에는 온도가 약 100억도로 내려갔을 것이다. 이 단계에는 우주가 거의 대부분 광자, 전자, 중성미자와 그들의 반입자들로 이루어져 있었을 것이고, 약간의 중성자와 양성자도 포함하고 있었을 것이다. 우주 초기에 만들어진 전자와 양전자 쌍들은 대부분 소멸하고 소수의 전자들만이 남게 되었을 것이다.

그러나 상호작용을 잘 하지 않는 중성미자와 반중성미자들은 오늘날까지도 존재할 것이다. 우리가 우주 초기에 만들어진 중성미자와 반중성미자를 관측할 수 있다면 초기 우주의 정확한 상태를 알 수 있을 것이다. 그러나 물질과 상호작용을 잘 하지 않는 중성미자를 검출하는 것은 매우 어렵다. 중성미자들이 아직 정체가 드러나지 않은 암흑물질일지도 모른다.

빅뱅이 일어난 후 약 100초 정도가 지나면 우주의 온도는 가장 뜨거운 별의 내부 온도와 같은 10억 도로 내려갈 것이다. 이 온도에서 양성자와 중성자는 더 이상 강한 핵력의 인력을 벗어날 만큼 충분한 에너지를 가지지 못한다. 따라서 중성자와 양성자가 결합해서 중수소, 헬륨, 그리고 적은 양의 리튬과 바륨의 원자핵을 구성하기 시작할 것이다. 우리는 빅뱅 모형을 이용해 양성자와 중성자의 약 4분의 1이 헬륨 원자핵과 소량의 중수소, 그리고 리튬이나 바륨 원자핵으로 변환되었을 것으로 계산할 수 있다. 남아 있던 중성자들은 양성자로 붕괴해서 수소의 원자핵이 되었을 것이다.

1948년에 우크라니아 출신으로 미국에서 활동하던 조지 가모브와 그의 대학원 학생이었던 랠프 알퍼가 빅뱅 우주론을 제안했다. 그들은 우리 우주를 이루고 있는 원소의 약 90%가 수소이고, 10%는 헬륨이라는 것을 계산해 냈다. 나머지 무거운 원소는 1%도 안 된다. 그들은 또한 온도가 매우 높았던 우주 초기에 있었던 복사선이 오늘날에도 우주를 달리고 있지만 우주의 팽창으로 인해 그 온도는 절대 0도에서 겨우 몇 도 높은 정도로 식어 버렸을 것이라는 예측도 내놓기도 했다.

빅뱅이 일어나고 몇 분 이내에 헬륨 원자핵을 비롯한 원자핵들의 생성이 정지되었을 것이다. 그리고 그 후 약 38만 년 동안 우주는 수소 원자핵(양성자), 헬륨 원자핵, 전자, 빛으로 이루어진 불투명한 플라스마 상태에 있었을 것이다. 그러다가 약 38만 년 후 온도가 수천 도로 떨어져 전자와 원자핵들의 열에너지가 더 이상 그들 사이에 작용하는 전기적 인력을 이길 수 없게 되자 전자와 원자핵이 결합해서 원자를 형성하기 시작했을 것이다. 이로 인해 우주가 투명하게 되었고, 그때 남아 있던 빛은 가모브 등이 예측했고, 펜지아스와 윌슨이 1965년에 발견한 마이크로파 배경복사였다.

우주는 아주 큰 크기에서 보면 균일하지만 영역에 따라서 평균보다 밀도가 약간 높은 곳이 존재하게 되었다. 이런 영역이 중력에 의해 더 많은 물질을 끌어들여 은하를 형성했을 것이다. 회전하던 물질에서는 원반형으로 회전하는 은하가 만들어졌고, 회전하지 않았던 물질은 타원은하라고 부르는 길쭉한 공

모양의 은하가 되었다.

시간이 흐르면서 수소와 헬륨 기체로 이루어진 거대한 구름이 작은 구름들로 분리되어 중력에 의해 수축될 것이다. 이 구름들이 수축하면서 그 속에 들어 있던 원자들이 서로 충돌하여, 온도가 높아지자 핵융합 반응에 의해 빛나는 별들이 만들어졌을 것이다. 별 내부에서 처음에는 수소 원자핵이 헬륨 원자핵으로 바뀌는 핵융합 반응이 일어나겠지만, 다음 단계에서는 헬륨을 탄소나 산소와 같은 무거운 원소들로 변환시키는 핵융합 반응이 일어날 것이다.

핵융합 연료를 모두 소모한 다음에는 많은 질량을 가지고 있는 별들은 초신성 폭발을 일으킬 것이다. 초신성은 은하에 포함된 다른 모든 별들을 합친 것보다도 밝게 빛난다. 별 내부에서 합성된 무거운 원소들과 초신성 폭발 시에 생성된 무거운 원소들은 공간으로 흩어져 다음 세대의 별들이 만들어질 원료를 제공할 것이다. 태양계가 무거운 원소들을 약 2% 정도 가지고 있는 것은 태양이 초신성의 잔해로 이루어진 회전하는 기체 구름으로부터 생성된 제2세대 또는 제3세대의 별이기 때문이다.

지구에 생명체가 등장하는 과정에 대해서는 아직 잘 이해하고 있지 못하지만 지금부터 약 40억 년 전에 스스로 증식할 수 있는 거대 유기체 분자들이 나타났고, 복제 과정에서 나타나는 변이와 자연선택을 통해 점차 더 복잡한 생명체들로 진화하게 되었을 것이다. 이 과정이 지구 환경을 오늘날과 같이 변화시켰고, 어류, 파충류, 포유류, 그리고 인류와 같은 보다 고등한 생명체의 등장을 가능하게 했을 것이다

우주가 빅뱅으로부터 시작되었다는 우주 모형은 관측 증거와 일치하고 있다. 그렇지만 아직까지 대답 되지 않은 중요한 문제들이 많이 남아 있다.

1. 초기 우주는 왜 그렇게 뜨거웠는가?
2. 큰 크기에서 볼 때 우주는 왜 그리 균일한가? 우주의 모든 방향에서 관측되는 마이크로파 배경복사의 온도가 거의 동일한 이유는 무엇인가?
3. 왜 우주는 재수축하는 모형과 영원히 팽창을 계속하는

모형을 구분하는 임계 팽창률에 가까운 비율로 팽창을 계속하고 있는가?

4. 우주는 큰 규모에서 볼 때 그토록 균일함에도 불구하고 별이나 은하와 같은 구조를 만든 부분적인 불균일이 나타난 원인은 무엇일까?

빅뱅 특이점에는 일반상대성이론을 비롯한 그 밖의 모든 물리법칙들이 무용지물이 되기 때문에 우리가 알고 있는 과학 법칙으로는 이런 물음에 답할 수 없다.

지금까지 우리는 어느 순간의 우주 상태를 알 수 있으면 불확정성원리의 한계 내에서 우주가 시간의 흐름과 함께 어떻게 전개될 것인지를 말해줄 수 있는 자연법칙들을 찾아냈다. 이 법칙들은 신이 정해 놓은 것일 수도 있다. 신은 우주가 자연법칙에 따라 전개되도록 한 후 더 이상 자연에 개입하지 않기로 했는지도 모른다. 그렇다면 신은 우주를 어떤 상태로 시작하도록 했을까? 다시 말해 우주의 초기조건은 무엇이었을까?

신이 우리가 도저히 이해할 수 없는 방법으로 우주의 초기조건을 선택했을 수도 있다. 신이 우리가 이해할 수 없는 방법으로 우주를 출발시켰다면 우리가 이해할 수 있는 법칙에 따라서 우주가 전개되도록 한 이유는 무엇일까? 현재 우주에서 일어나는 일들이 자연 법칙에 따라 일어난다면 우주의 초기 상태도 자연 법칙으로 이해할 수 있어야 하는 것이 아닐까? 우리는 자연 법칙에 따르는 초기조건을 가지고 있는 많은 우주모형들을 만들 수 있고, 그중에서 관측 결과를 설명할 수 있는 하나의 모형을 선택할 권리를 가지고 있는 것이 아닐까?

　　한 가지 가능성은 공간적으로 무한하거나 또는 무한히 많은 우주들이 존재할 수 있다는 카오스적 경계조건이다. 카오스적 경계조건에서는 모든 종류의 초기조건을 가지는 우주가 존재하지만, 그 중에서 생명체가 탄생해 고등 생명체로 진화하여 우주가 어떻게 시작했는지에 대해 질문할 수 있는 초기조건을 가진 우주에 우리가 존재하게 되었다고 설명할 수 있다. 이런 설명은 우리가 인류원리라고 부르는 것을 적용하는 한 예이다. 우리가 지금과 같은 모습의 우주를 관측할 수 있는 것은 지금과 같은 모습의 우주에만 우리가 존재할 수 있기 때문이라고 설명하는 것이 인류원리이다.

인류원리에는 약한 인류원리와 강한 인류원리가 있다. 약한 인류원리에서는 모든 가능한 우주 중에서 인류가 존재할 수 있는 조건을 갖춘 우주에 우리가 존재한다고 설명한다. 약한 인류원리를 적용하면 빅뱅이 왜 128억 년 전에 발생했는지도 설명할 수 있다. 다양한 우주 중에서 지적 생명체가 진화하는 데 필요한 시간인 128억 년 정도의 역사를 가지고 있는 우주에만 우리가 존재할 수 있기 때문이라는 것이다.

오늘날 우리가 알고 있는 과학법칙들에는 전자의 전하라든지 양성자와 전자의 질량비와 같은 많은 기본적인 상수들이 포함되어 있다. 우리는 현재 이 상수들의 값을 예측할 수 있는 이론을 가지고 있지 않고, 관측 결과를 통해서만 그 크기를 결정할 수 있다. 언젠가 우리는 이런 상수들을 설명할 수 있는 완전한 통일이론을 발견하게 될지도 모른다. 그러나 우리는 이런 상수들이 생명체 진화에 적절하도록 조정되어 있는 우주에 우리가 살게 되었다고 설명할 수도 있다. 이것이 강한 인류원리이다.

인류원리로 우주의 시작을 설명하려는 시도에 대해서는 여러 가지 반론이 있다. 첫 번째 반론은 다른 초기상태를 가진 무수히 많은 우주들이 존재한다는 어떤 증거도 없다는 것이고, 두 번째 반론은 인류원리가 과학의 역사에 역행하는 설명이라는 것이다. 현재 우리가 살고 있는 우주의 구성이 우리들이 존재할 수 있도록 정밀하게 조정되어 있다고 설명하는 인류원리는 지구와 인류를 우주의 중심으로 본 고대 철학자들의 생각과 다를 것이 없다는 것이다. 그럼에도 불구하고 인류원리는 많은 사람들이 자주 인용하는 설명이 되었다.

빅뱅 모형의 우주에서는 열이 한 영역에서 다른 영역으로 흘러 우주 전체가 열평형 상태에 이를 수 있는 충분한 시간이 없었다. 그러나 모든 방향에서 오는 마이크로파 배경복사의 온도가 동일하다는 사실은 초기 우주의 모든 곳이 같은 온도였음을 뜻한다. 또한 우주의 팽창 속도가 재수축을 피하기 위해서 필요한 임계값에 극히 가까운 값을 가지기 위에서는 초기 팽창률역시 매우 정확하게 선택되어야 했다.

여러 가지 서로 다른 초기 구성들이 오늘날의 우주와 같은 모습으로 진화할 수 있는 우주의 모형을 찾기 위해 매사추세츠공과대학의 앨런 구스가 초기 우주가 아주 급속한 팽창 단계를 거쳤을 것이라는 주장을 제기했다. 이러한 급속 팽창을 인플레이션이라고 부른다. 구스의 주장에 의하면 '1초의 몇 분의 1에 불과한 짧은 인플레이션 단계에 우주의 지름이 10^{30}배로 늘어났다.'

구스는 빅뱅 특이점에서 출발한 우주가 상전이라고 부르는 현상을 통해 얻은 에너지로 인해 급속한 팽창을 일으켰다고 설명했다. 물질들 사이에 작용하는 중력에 의해 팽창 속도가 느려지기보다는 상전이로 인해 생성된 에너지에 의해 팽창 속도가 빨라진 우주에서는 빛이 초기 우주의 한 영역에서 다른 영역으로 이동할 충분한 시간적 여유가 있었을 것이다. 따라서 왜 초기 우주의 서로 다른 영역들이 동일한 특성을 가지고 있는가에 대한 답을 얻을 수 있다.

그뿐 아니라 우주의 팽창 속도 역시 우주의 에너지 밀도에 의해서 결정되는 임계값에 자동적으로 아주 가까워질 것이다. 이렇게 되면 우주의 초기 팽창 속도가 매우 세심하게 선택되었다는 식의 가정을 할 필요가 없이 왜 팽창률이 아직도 임계값에 그렇게 가까운지를 설명할 수 있게 된다.

또한 인플레이션 단계는 우주에 왜 그토록 많은 물질이 존재하는지도 설명할 수 있다. 우리가 관측할 수 있는 우주에는 적어도 약 10^{80}개나 되는 입자들이 존재한다. 우주를 구성하고 있는 물질은 플러스 에너지에서 만들어진다. 그러나 중력의 의해서 묶여 있는 경우에는 마이너스 에너지를 가지고 있다. 공간적으로 거의 균일한 우주의 경우 우리는 마이너스의 중력 에너지가 물질이 가지고 있는 플러스 에너지와 정확히 상쇄된다는 것을 증명할 수 있다. 따라서 수많은 입자들이 존재함에도 불구하고 우주의 총에너지는 0이다.

오늘날 우주는 인플레이션 방식으로 팽창하고 있지 않다. 따라서 우주의 팽창 속도를 현재 관측되는 팽창 속도로 바꾸어 놓을 어떤 메커니즘이 있어야 할 것이다. 인플레이션 단계에는 여러 가지 힘들 사이의 대칭성이 파괴되어 여분의 에너지가 방출되었을 것이고, 따라서 우주의 온도는 힘들 사이의 대칭이 유지되기 위한 임계 온도 상태에 가까운 온도가 될 것이다. 그렇게 되면 우주는 빅뱅 모형에서 예측하는 것처럼 팽창을 계속하면서 냉각될 것이다.

인플레이션 모형들에 대한 연구는 우주의 현재 상태가 수많은 서로 다른 초기조건들로부터 시작될 수 있음을 보여 주었다. 이러한 연구들은 우리가 살아가고 있는 우주의 초기 상태가 우리가 존재할 수 있도록 세심하게 선택되었을 필요가 없음을 나타내기 때문에 강한 인류원리 대신 약한 인류원리로 대치할 수 있을 것이다.

우주가 어떤 상태로 시작했는지를 알아내기 위해서는 시간이 시작된 시점에서도 들어맞는 법칙이 필요하다. 일반상대성이론이 옳다면 펜로즈와 호킹이 증명했던 것처럼 우주가 밀도와 시공간의 곡률이 모두 무한대인 특이점에서 시작했어야 한다. 그러나 특이점에서는 모든 과학 법칙이 무력해진다. 어떤 사람은 특이점에서도 작동할 수 있는 새로운 법칙들이 있으리라고 생각할지도 모른다. 그러나 우리는 관측을 통해서 그런 법칙들이 존재하리라는 어떠한 암시도 찾아내지 못했다.

그러나 특이점 이론이 의미하는 것은 특이점에서는 중력장이 아주 강해져서 양자중력 효과가 중요해진다는 사실이다. 따라서 우주의 초기 단계에 대해서 논하기 위해서는 양자중력이론을 사용해야 한다. 양자이론에는 어떤 특이점도 존재하지 않기 때문에 새로운 법칙을 도입할 필요는 없다.

우리는 아직까지 양자역학과 중력이론을 하나로 결합시키는 완벽하고 모순이 없는 이론을 가지고 있지 못하다. 그러나 우리는 그러한 통일이론이 갖추고 있어야 할 일부 특성들을 알고 있다. 그런 특성들 중 하나는 양자이론을 역사합산에 이용해 정식화하려는 파인먼의 제안을 포함하고 있어야 한다는 것이다. 이 접근 방식에서는 하나의 입자가 고전 이론에서 생각했던 것처럼 단일한 역사만을 가지지 않는다. 그 대신에 입자는 시공간 속에서 모든 경로를 지날 수 있다.

입자가 어느 특정한 점을 지날 확률은 그 점을 지나는 가능한 모든 역사와 연관된 파동을 합하여 얻어진다. 그러나 우리가 실제로 이런 합산을 실행하려고 할 때 우리는 아주 어려운 기술적 난관에 부딪히게 된다. 이 문제를 해결하기 위해서는 허시간으로 나타내진 모형을 사용해야 한다.

우리가 경험하는 실시간 속에서 일어나는 사건이 아니라 복소수를 이용해 나타낸 허시간 속에서 일어나는 입자 역사의 파동들을 합산해야 한다. 허시간이라는 말을 들으면 공상과학 소설이 연상될지도 모르겠지만 사실 허시간이라는 것은 잘 정의된 수학적 개념이다. 입자의 역사를 수직축은 허시간을 나타내도록 하고, 수평축은 거리를 나타내는 좌표계에 나타낸 다음 모든 경로를 합산하는 것이다.

계산이라는 목적을 위해서 실수로 나타내진 시간이 아닌 허수로 나타내진 허시간을 사용하는 파인만의 역사합산은 시공간에 흥미로운 효과를 일으킨다. 그렇게 되면 시간과 공간의 차이가 완전히 사라진다. 사건들이 시간 좌표에서 허수 값을 가지는 시공간을 2차원 평면 기하학 연구의 기초를 닦은 고대 그리스의 유클리드의 이름을 따서 '유클리드 시공간'이라고 부른다. 유클리드 시공간에서는 시간 방향과 공간 방향 사이에 아무런 차이도 없다. 양자역학으로 국한한다면 우리는 허시간과 유클리드 시공간을 단지 실제 시공간에 대한 답을 계산하기 위해서 사용하는 하나의 수학적 장치로 간주할 수 있다.

궁극적인 이론에 포함되어 있어야 한다고 생각되는 두 번째 특징은 중력장이 휘어진 시공간으로 표현된다는 아인슈타인의 개념이다. 입자들은 휘어진 공간 속에서 최단경로를 따르려고 한다. 그러나 시공간이 평평하지 않기 때문에 입자들의 경로는 마치 중력장에 의해서 휘어진 것처럼 보인다. 파인먼의 역사합산이론을 아인슈타인의 중력이론에 적용시키면 입자의 역사에 해당하는 것은 우주 전체의 역사를 나타내는 완전히 휘어진 시공간이 된다.

일반상대성이론에는 서로 다른 많은 가능한 휘어진 시공간들이 있다. 그 각각은 우주의 서로 다른 초기상태에 대응하는 것들이다. 우주의 초기상태를 알면 우리는 우주의 역사 전체를 알 수 있을 것이다. 마찬가지로 양자중력이론에서도 우주의 서로 다른 많은 가능한 양자 상태가 있다. 여기에서도 우리가 역사합산을 통해 휘어진 유클리드 시공간이 초기에 어떻게 움직였는지 알 수 있다면 우주의 양자 상태를 알 수 있을 것이다.

실제 시간을 바탕으로 한 고전적인 중력이론에서는 우주가 무한한 시간 동안 존재했거나, 아니면 과거의 어떤 유한한 시점에 특이점에서 시작되었거나 둘 중 하나이다. 그러나 양자중력이론에서는 제3의 가능성이 제기된다. 시간과 공간을 똑같이 취급할 수 있는 유클리드 시공간에서는 크기는 유한하면서도 가장자리나 경계를 나타내는 어떤 특이점도 가지지 않을 가능성이 존재한다.

시공간이 어떠한 경계도 가지지 않는 양자중력이론에서는 초기조건을 결정하지 않아도 되는 새로운 형태의 우주가 가능하다. 이런 우주에는 모든 과학법칙이 붕괴되는 특이점이 존재하지 않으며, 시공간의 경계 조건을 설정하기 위해 새로운 법칙을 찾아낼 필요도 없고, 초기조건을 설명하기 위해 신을 등장시킬 필요도 없다. 우리는 이것을 '우주의 경계 조건은 그것이 아무런 경계도 가지지 않는 것이다'라고 표현할 수 있다. 이런 우주에서는 우주가 완전히 자기 충족적이고 우주 밖의 그 무엇으로부터도 영향을 받지 않을 것이다.

그러나 시간과 공간이 경계를 가지지 않으면서 유한할 것이라는 이런 개념은 연구를 위한 하나의 제안에 불과하다. 그런 개념을 다른 원리로부터 유도할 수 없기 때문이다. 양자중력이론을 실험이나 관측을 통해 검증하는 것은 어려운 일이다. 그 이유 중 하나는 우리가 아직 어떤 이론이 일반상대성이론과 양자역학을 성공적으로 결합시킬 수 있는 방법을 알지 못하고 있기 때문이고, 다른 하나는 우주 전체를 기술하는 모형들이 수학적으로 너무 복잡해 정확한 예측 결과를 계산하는 것이 가능하지 않을 것이기 때문이다.

무경계조건을 바탕으로 한 더 진전된 예측에 대해서 많은 연구가 진행 중이다. 특히 흥미로운 것은 초기 우주에 나타난 약간의 밀도 편차들의 크기이다. 작은 밀도 편차에서 은하와 별,

그리고 우리가 태어나게 되었다. 불확정성원리는 입자의 위치와 속도의 불확실성으로 인한 요동이 있기 때문에, 초기 우주가 완전히 균일할 수 없었음을 암시하고 있다. 무경계조건을 사용하면 우리는 우주가 불확정성원리에 의해서 허용되는 비균일성을 가지고 출발했음을 알 수 있다.

그런 다음 우주는 인플레이션 모형에서처럼 빠른 팽창 단계를 거치면서 초기의 비균일성이 증폭되어 우리가 오늘날 우주에서 관측할 수 있는 구조들을 형성하게 되었을 것이다. 1992년에 우주배경복사 탐사 위성 COBE가 최초로 측정한 방향에 따른 마이크로파 배경복사의 편차는 인플레이션 모형과 무경계 제안의 예측들과 일치하는 것으로 보인다. 따라서 우리가 우주에서 관측되는 모든 복잡한 구조들은 우주의 무경계조건과 양자역학의 불확정성원리로 설명될 수 있을 것이다.

시간과 공간이 경계가 없는 닫힌 표면을 형성할 수 있다는 생각은 우주에서의 신의 역할도 크게 바꿔 놓을 것이다. 우주가 출발점을 가지고 있는 한 우리는 창조자의 존재를 상정하지 않을 수 없다. 그러나 우주가 완전히 자기 충족적이고 어떠한 경계나 가장자리도 가지고 있지 않다면, 우주에는 시작도 끝도

없을 것이다. 우주는 그저 존재할 따름이다. 그렇다면 창조자
도 필요 없을 것이다.

9. 시간의 화살

20세기 초까지도 사람들은 모든 시계로 측정한 두 사건 사이
의 간격이 일치한다고 생각했다. 시간의 흐름은 절대적인 것이
라고 생각했기 때문이다. 그러나 빛의 속도가 모든 관찰자에게
동일하다는 발견은 상대성이론의 등장으로 이어졌고, 상대성
이론에서는 절대 시간이 폐기되었다. 그 대신 관찰자들은 자신
들이 가지고 있는 시계로 측정한 저마다의 고유한 시간을 가지
게 되었다. 따라서 시간은 측정하는 사람에 따라 달라지는 상
대적인 물리량이 되었다.

중력과 양자역학을 하나로 통일시키려고 시도할 때 우리는
허시간이라는 개념을 도입하지 않을 수 없었다. 허시간은 공간
안에서의 방향과 구별될 수 없다. 우리가 북쪽으로 갈 수 있다
면 돌아서서 남쪽을 향할 수도 있다. 마찬가지로 우리가 허시
간 안에서 앞 방향을 향할 수 있다면 당연히 방향을 바꿔서 뒷

방향을 향할 수도 있다. 이 말은 허시간의 앞 방향과 뒷 방향 사이에 아무런 차이가 없음을 뜻한다. 그러나 실시간에서는 앞 방향과 뒷 방향 사이에 아주 큰 차이가 있다. 과거와 미래 사이의 이 차이는 도대체 어디에서 기인하는 것일까? 왜 우리는 과거를 기억하면서 미래는 기억하지 못하는 것일까?

　과학법칙은 시간 흐름의 방향을 구별하지 않는다. 과학 법칙들이 CPT 반전과 CP 반전에 대해서 불변이라는 것은 증명된 사실이다. 그렇다면 T 반전에 대해서도 불변이어야 한다. 그러나 일상생활에서 실시간의 앞 방향과 뒷 방향 사이에는 엄청난 차이가 있다. 열역학 제2법칙은 시간이 거꾸로 흘러가는 것을 금지한다. 열역학 제2법칙에 의하면 모든 고립된 계에서 무질서도, 즉 엔트로피는 시간의 흐름에 따라서 항상 증가해야 한다. 시간에 따라서 무질서도나 엔트로피가 증가하는 것은 과거와 미래를 구분하고 시간에 방향을 부여하는 시간의 화살이다. 시간의 화살에는 최소한 열역학 제2법칙이 제시하는 시간의 화살 외에도 두 가지가 더 있다. 하나는 심리적 시간의 화살이라고 부르는 것으로 우리가 과거와 미래를 구별하고, 시간은 과거에서 미래로만 흐른다고 생각하는 시간의 화살이다. 다른 하나는 우주론적 시간의 화살로 우주가 수축하는 방향이 아니라 팽창하는 방향으로 진행하는 시간의 화살이다.

열역학 제2법칙은 질서 있는 상태보다 무질서한 상태가 더 많은 배열 방법을 포함하고 있다는 사실에 기인한다. 어떤 계가 무질서도가 낮은 초기조건에서 출발했다면 시간의 흐름과 함께 무질서도가 증가하는 경향을 보일 것이다. 무질서한 상태가 확률이 높은 상태이기 때문이다. 그림 맞추기 퍼즐 조각들이 완전한 그림으로 맞춰질 수 있는 배열 방법은 한 가지밖에는 없지만, 무질서한 상태로 흩어져 있는 배열 방법은 무수하게 많다. 따라서 시간이 흐르면 점점 더 흩어지는 방향으로 변화가 일어난다.

전능한 신은 우주를 무질서도가 높은 상태에서 낮은 상태로 변해가도록 법칙들을 만들 수도 있을 것이다. 이런 우주에서는 시간의 흐름에 따라서 무질서도가 감소할 것이다. 따라서 깨진 찻잔이 다시 합쳐져서 완전한 모습이 되는 모습을 관찰할 수 있을 것이다. 이런 우주에 살고 있는 사람들은 거꾸로 된 심리적 시간의 화살을 가지고 있을 것이다. 그들은 우리가 미래의 사건이라고 생각하는 사건들을 기억하고 있을 것이다. 그들에게는 찻잔이 합쳐지는 사건이 과거에 일어난 사건이고, 찻잔이 깨지는 사건이 미래에 일어날 사건일 것이다.

우리의 뇌가 구체적으로 어떻게 작동하는지를 알지 못하기 때문에 인간의 기억에 대해서 이야기하기는 어렵다. 그러나 우리는 컴퓨터의 메모리가 어떻게 작동하는지에 대해서는 잘 알고 있다. 따라서 컴퓨터의 심리적 시간의 화살에 대해서 생각해 보자. 컴퓨터의 시간의 화살이 인간의 시간의 화살과 동일하다고 가정하는 것은 합리적 추론일 것이다. 컴퓨터 메모리는 기본적으로 0과 1이라는 상태 중 하나의 상태를 선택하는 방식으로 정보를 기억한다.

컴퓨터 메모리는 정보가 기록되기 전에는 무질서한 상태에 있다. 따라서 메모리 소자가 두 가지 가능한 상태 중 하나의 상태에 있을 확률은 같다. 그러나 정보를 기억한 후에는 메모리 소자가 두 가지 상태에 중 하나에 있게 된다. 따라서 정보를 기억함에 따라 메모리 소자는 무질서한 상태에서 질서 있는 상태로 바뀌게 된다. 그러나 메모리 소자에 정보를 저장하기 위해서는 에너지를 사용해야 한다.

이 에너지는 열의 형태로 발산되어서 우주 무질서의 총량을 증가시킨다. 우주의 무질서도 증가는 메모리 소자의 질서도 증가보다 크다는 것을 증명할 수 있다. 따라서 컴퓨터가 메모리에 정보를 기록할 때마다 우주 전체의 무질서도는 증가한다. 모든 정보는 과거에 대한 기억이므로 컴퓨터가 기억하는 시간의 방향은 우주의 무질서가 증가하는 방향과 동일하다.

따라서 우리의 심리적 시간의 화살은 열역학적 시간의 화살과 같은 방향이다. 컴퓨터와 마찬가지로 우리 뇌도 엔트로피가 증가하는 순서대로 사건을 기억한다. 시간의 흐름에 따라서 무질서도가 증가하는 까닭은 우리가 무질서도가 증가하는 방향으로 시간을 측정하기 때문이다.

그렇다면 열역학적 시간의 화살은 왜 존재할까? 다시 말해 왜 우주는 시간이 시작될 때 높은 질서 상태에 있었어야 했을까? 우주가 질서 있는 상태에서 무질서한 상태로 발전해 갈 가능성이 모든 시간에 걸쳐 무질서한 상태에 있을 가능성보다 큰 것은 무엇 때문일까? 그리고 무질서가 증가하는 시간의 방향이 우주가 팽창하는 방향과 같은 이유는 무엇일까?

빅뱅 특이점에서 모든 과학법칙들이 효력을 상실하기 때문에 과학법칙을 이용해서는 우주가 어떻게 출발했는지를 예측할 수 없다. 우주가 질서 있는 상태에서 시작되었다면 열역학적 시간의 화살과 우주론적 시간의 화살로 이어질 것이다. 그러나 우주가 매우 울퉁불퉁하고 무질서한 상태에서 시작되었다면, 우주가 처음부터 완전한 무질서 상태에 있었을 것이므로 시간의 흐름에 따라 무질서도가 증가할 수 없을 것이다.

그런 경우에는 우주의 시작점에서 무질서도가 최댓값을 가지고 있기 때문에 열역학적 시간의 화살이 없거나, 시간이 흐름에 따라 우주의 무질서가 감소해서 열역학적 시간의 화살이 우주론적 시간의 화살과 정반대 방향을 가리켰을 수도 있다. 그러나 그것은 우리가 관측한 우주와 일치하지 않는다.

기존의 물리 법칙들은 우주의 시작점을 다룰 수 없기 때문에 우주의 기원을 이해하기 위해서 양자중력이론을 사용해야 한다. 양자중력이론 역시 우주의 상태를 설명하기 위해서는 우주가 시공간 경계에서 어떤 상태에 있었는지 알아야 한다. 그러나 우주의 역사가 무경계조건을 만족시킬 때에만 우리가 수학적으로 다룰 수 없는 특이점을 피해갈 수 있다.

그런 경우 우주는 평평하고 질서 있는 상태에서 팽창을 시작했겠지만 완전하게 균일하지는 않았을 것이다. 완전히 균일한 우주는 양자역학의 불확정성원리에 어긋나기 때문이다. 따라서 입자들의 밀도와 속도에 작은 요동이 있어야 한다. 그러나 무경계조건은 이러한 요동이 불확정성원리와 모순되지 않을 정도로 작았을 것임을 나타내고 있다.

우주는 시작 직후 급속하게 팽창하는 인플레이션 단계를 거쳤을 것이다. 인플레이션 단계를 거치면서 아주 작았던 밀도의 요동이 커졌을 것이다. 평균보다 밀도가 약간 높은 영역들은 추가되는 질량의 중력에 의해서 팽창이 느려졌을 것이고, 마침내 일부 영역들은 팽창을 멈추고 수축해서 은하, 별, 그리고 생명체를 형성하게 되었을 것이다. 우주는 처음에는 평평하고 질서 있는 상태에서 출발해서 시간이 흐르면서 차츰 울퉁불퉁하고 무질서한 상태가 되었을 것이다. 이것으로 열역학적 시간의 화살의 존재가 설명될 것이다.

그러나 만약 우주가 팽창을 멈추고 수축하기 시작한다면 어떤 일이 벌어질까? 열역학적 시간의 화살은 역전되고, 시간이 흐르면서 무질서가 감소하기 시작할까? 우주가 수축하는 단계에 사는 사람들은 부서진 찻잔이 다시 합쳐지는 모습을 보게 될까? 우주가 수축할 때 어떤 일이 일어났는지를 알아낼 수 있는 방법이 한 가지 있다. 블랙홀 속으로 뛰어드는 것이다.

별이 붕괴해서 블랙홀이 되는 것은 전체 우주가 수축하는 단계와 비슷하다. 따라서 우주의 수축 국면에서 무질서가 감소한다면 블랙홀 내부에서도 무질서가 감소하리라고 예상할 수 있다. 우주가 수축할 때는 모든 것이 거꾸로 진행될 것이라는 생각은 팽창 단계와 수축 단계가 대칭을 이루기 때문에 무척 매력적이다.

그러나 펜실베이니아 주립대학의 돈 페이지가 무경계조건이 반드시 팽창 단계가 시간이 역전되는 수축 단계를 필요로 하지 않는다는 것을 밝혀냈다. 그리고 호킹의 학생이었던 레이먼드 래플램이 좀 더 복잡한 모형을 이용하여 우주의 수축이 팽창과는 전혀 다르다는 사실을 발견했다. 무경계조건은 수축 단계의 우주에서도 무질서도가 계속 증가할 것임을 시사했다. 열역학적 시간의 화살과 심리적 시간의 화살은 우주가 재수축하거나 블랙홀 속으로 들어갈 때도 역전되지 않는다는 것이다.

그렇다면 왜 열역학적 시간의 화살과 우주론적 화살이 같은 방향을 가리키게 되는가 하는 의문이 남는다. 다시 말해 왜 우주가 팽창하는 시간의 방향과 무질서도가 증가하는 시간의 방향이 같은가 하는 의문이 생긴다. 무경계 조건이 암시하고 있는 것처럼 우주가 팽창한 다음 다시 수축할 것이라면 왜 우리가 수축 국면이 아니라 팽창 국면에 있어야 하는가 하는 물음이 된다. 우리는 인류원리를 이용해 이 물음에 답할 수 있다. 수축 단계에 있는 우주는 왜 무질서가 우주의 수축과 같은 방향으로 증가하는가 라는 의문을 제기할 수 있는 지적 생명체의 생존에 부적절하다는 것이다.

무경계 조건이 예측하는 우주는 초기 단계에 있었던 인플레이션으로 인해 우주가 재수축을 간신히 모면할 수 있는 임계값에 가까운 속도로 팽창하고 있어야 하며, 따라서 앞으로 아주 오랜 기간 동안 재수축하지 않을 것이다. 그때가 되면 모든 별들은 연료를 전부 태우고, 별을 구성하고 있는 중성자와 양성자들은 가벼운 입자와 복사로 붕괴할 것이다. 그리고 우주는 거의 완전한 무질서의 상태가 될 것이다. 거기에는 어떠한 강력한 열역학적 시간의 화살도 없을 것이다. 이미 우주가 거의 완전한 무질서 상태에 있기 때문에 무질서는 더 늘어날 수 없다.

그러나 지적생명체가 활동하기 위해서는 열역학적 시간의

화살이 필요하다. 생존하기 위해서 인간은 질서 있는 상태의 에너지인 음식물을 섭취하고, 무질서한 에너지 상태인 열로 전환시킨다. 따라서 지적생명체는 우주의 수축 단계에서는 존재할 수 없다. 이로써 우리가 열역학적 시간의 화살과 우주론적 시간의 화살이 같은 방향을 가리키고 있는 이유를 설명할 수 있다.

지금까지의 이야기를 요약하면 과학법칙은 시간의 방향을 구별하지 않지만 과거와 미래를 구별하는 최소한 세 가지 시간의 화살이 있다. 무질서가 증가하는 방향을 가리키는 열역학적 시간의 화살, 과거와 미래를 구별하는 심리적 시간의 화살, 그리고 우주가 수축이 아니라 팽창하는 방향으로 흘러가는 우주론적 시간에 화살이 그것이다. 심리적 시간의 화살이 본질적으로 열역학적 시간의 화살과 동일하며, 따라서 이 두 화살은 항상 같은 방향을 가리킨다는 것을 증명할 수 있다. 우리가 열역학적 화살이 우주론적 화살과 일치하는 것으로 관찰하는 까닭은 지적 존재가 팽창 단계에서만 존재할 수 있기 때문이다.

10. 웜홀과 시간 여행

오랫동안 시간은 오르지 한 방향으로만 달리 수 있는 직선 철로처럼 생각해 왔다. 철로에 회차로가 부설되어 있으면 열차는 계속 앞으로 나가더라도 이미 지나친 역으로 되돌아올 수 있는 것처럼 시공간에도 회차로가 있다면 과거나 미래로 여행하는 것이 가능할까?

허버트 조지 웰스가 쓴 공상과학 소설인 『타임머신』에서 이러한 가능성에 대한 이야기를 다뤘다. 잠수함이나 달나라 여행처럼 공상과학 소설에 등장했던 많은 것들이 세월이 흐른 후에 실제로 실현되었다. 그렇다면 공상과학 소설에 단골로 등장하는 시간 여행도 언젠가 가능하게 될까?

물리법칙들이 시간 여행을 허용할지도 모른다는 최초의 암시는 1949년에 쿠르트 괴델이 일반상대성이론이 허용하는 새로운 시공간을 발견했을 때 나타났다. 나치 독일을 피해 미국 프린스턴에 있는 고등학술연구소의 연구원으로 있던 괴델은 아인슈타인과 가까이 지내면서 일반상대성이론에 대해 많은 이야기를 나누었다. 우주 전체가 회전하는 기묘한 특성을 가지고 있었던 그가 제안한 시공간은 로켓을 타고 우주여행을 하는 사람이 출발하기 전의 집으로 다시 돌아올 수 있다는 이상한 결과를 낳았다.

괴델이 제안한 시공간의 이런 특성은 일반상대성이론이 시간 여행을 허용하지 않는다고 생각했던 아인슈타인을 당황하게 만들었다. 그러나 괴델이 제안한 우주는 우리 우주와 일치하지 않는다. 우주가 회전하지 않는다는 사실을 증명할 수 있기 때문이다. 그러나 그 후 일반상대성이론이 허용하는 과거로의 시간 여행이 가능한 시공간의 모형들이 제안되었다. 그중 하나가 회전하는 블랙홀의 내부이고, 또 다른 하나는 매우 빠른 속도로 서로를 지나쳐 움직이는 두 개의 우주 끈을 포함하는 시공간이었다.

길이는 길지만 두께는 아주 얇은 우주 끈은 약 10^{24}톤에 달하는 엄청난 장력을 가지고 있다. 지구에 우주 끈이 달라붙는다면 지구를 불과 30분의 1초 동안에 정지 상태에서 시속 96킬로미터의 속도로 가속시킬 수 있을 것이다. 우주 끈은 공상과학소설에나 나올 법한 이야기로 들릴지 모르지만 앞장에서 설명했던 대칭성 붕괴의 결과로 우주의 초기 단계에 생성되었을 수 있다고 믿을 만한 여러 가지 근거가 있다.

괴델의 해와 우주 끈 시공간은 뒤틀린 상태에서 출발하기 때문에 과거로의 여행이 가능하다. 어쩌면 신이 이처럼 휘어진 우주를 창조했을지도 모르지만 우리는 그것을 증명하는 관측 증거를 찾아내지 못했다. 마이크로파 배경복사와 가벼운 원소들이 풍부하게 관찰되는 것은 초기 우주가 시간 여행을 위해 필요한 종류의 곡률을 가지고 있지 않았다는 것을 나타낸다.

따라서 다음과 같은 의문이 제기된다. 우주가 시간 여행에 필요한 종류의 곡률을 가지지 않은 상태로 출발했다면 그 후에 우주의 일부 영역이 시간 여행이 가능할 만큼 충분히 휘어질 수 있을까?

시간 여행과 밀접하게 연관된 문제는 여행 속도이다. 상대성 이론에 따르면 질량을 가진 물체는 빛보다 빠르게 달릴 수 없다. 따라서 우리가 약 4광년 떨어진 가장 가까운 이웃별인 켄타우루스자리의 알파별에 우주선을 보낸다면 여행자들이 그곳에 가서 보고 온 것을 우리에게 이야기해 주기까지는 최소한 8년을 기다려야 한다. 우리은하의 중심까지 탐사 여행을 한다면 돌아오기까지 최소한 10만 년은 걸릴 것이다.

그러나 절대적인 시간이 없기 때문에 관찰자들은 자신이 가지고 있는 시계로 측정한 자신만의 시간을 가지고 있다. 따라서 지구에 남아 있는 사람보다 우주여행자들에게 시간이 느리게 간다. 몇 년 동안의 우주여행을 하고 돌아오면 지구에서는 수천 년이 흘러가 있을 수 있다.

빛보다 느린 속력으로 달리는 로켓을 타고 지구에서 일어난 사건 A에서 출발해서 켄타우루스 알파별에서 일어난 사건 B에 도착했다면, 빛보다 느린 속력으로 달리고 있는 모든 관찰자들이 사건 A가 사건 B보다 먼저 일어났다고 관측할 것이다. 그러나 빛의 속력보다 빠른 속력으로 켄타우루스를 향해 달리고 있는 관찰자에게는 지구에서 일어난 사건 A에서 출발한 빛보다 켄타우루스 알파별에서 일어난 사건 B에서 출발한 빛이 더 빨리 도달할 것이다. 따라서 그는 사건 B가 사건 A보다 먼저 일어난 것으로 관찰할 것이다. 이것은 빛보다 빠른 속력으로 달리면 미래에 일어난 사건을 과거에 일어난 사건보다 먼저 관찰할 수 있다는 것을 뜻한다.

그러나 과거로 여행하기 위해서는 빛보다 더 빨리 달려야 하는 문제가 남아 있다. 상대성이론에 의하면 로켓의 속도가 빨라지면 로켓의 질량이 증가해 로켓을 가속하기가 점점 어려워지기 때문에 빛의 속력을 넘어설 수 없다. 우리는 이것에 대한 실험적 증거를 가지고 있다. 세계 곳곳에 설치되어 있는 입자가속기에서는 양성자나 전자와 같은 입자들을 빛의 속력의 99.99%까지 가속시킬 수 있지만, 아무리 많은 에너지를 공급해도 빛보다 빠르게 달리게 할 수는 없다.

이러한 사실은 과거로의 시간 여행의 가능성을 모두 배제시키는 것처럼 보인다. 그러나 한 가지 가능성이 있다. 시공간을 휘어서 A와 B 사이의 지름길을 만든다면 그런 일들이 가능해질 것이다. 그 한 가지 방법이 A와 B 사이의 웜홀을 만드는 것이다. 벌레 구멍이라고 번역할 수 있는 웜홀은 멀리 떨어져 있는 시공간의 두 지점을 연결시킬 수 있는 시공간의 통로이다.

시공간에서 두 점 사이의 거리는 웜홀의 길이와 아무런 관계도 없고 시공간의 휘어진 정도에 의해서만 결정된다. 따라서 32조 킬로미터나 되는 켄타우루스자리의 알파별로 통하는 웜홀을 만든다면 웜홀의 길이는 수백만 킬로미터밖에 되지 않을 수도 있다. 따라서 웜홀을 통과한다면 빛보다 빨리 한 지점에서 다른 지점으로 이동할 수 있고, 과거로의 여행도 가능할 것이다. 시공간의 두 지점을 연결하는 웜홀이라는 개념은 공상과학 소설 작가들이 지어낸 것이 아니라 훌륭한 과학연구의 결과이다.

1935년에 아인슈타인과 네이선 로젠은 일반상대성이론이 그들이 다리라고 부른 것을 허용함을 증명하는 논문을 발표했다. 그러나 웜홀을 뜻하는 아인슈타인-로젠 다리는 우주선이 통과할 수 있을 만큼 오랫동안 지속되지 않기 때문에 우주여행에 사용할 수는 없다. 하지만 우리보다 진보된 문명에서는 웜홀을 오랫동안 지속시킬 수 있는 방법을 가지고 있을지도 모른다. 그렇게 되면 웜홀을 이용한 우주 여행이 가능할 것이다.

시간 여행이 가능하기 위해서는 말안장의 표면과 같이 마이너스의 곡률을 가진 시공간의 영역이 필요하다는 것을 이론적으로 증명할 수 있다. 플러스 에너지 밀도를 가진 일반적인 물질은 시공간을 구의 표면처럼 플러스의 곡률을 갖도록 휘어 놓는다. 따라서 과거로의 여행이 가능하려면 시공간을 말안장과 같은 곡률을 가질 수 있도록 휘게 할 수 있는 마이너스 에너지 밀도를 가진 영역이 있어야 한다.

불확정성원리를 바탕으로 하고 있는 양자역학은 일부 영역에서 마이너스의 에너지 밀도를 가지는 것을 허용한다. 이 마이너스의 에너지 밀도는 다른 영역에서의 플러스 에너지 밀도에 의해서 보충되어 전체에너지 밀도가 플러스의 상태를 유지할 수 있기만 하면 된다. 양자이론에 의하면 빈 공간도 실제로는 나타났다가 다시 합쳐져서 소멸하는 가상입자와 반입자 쌍들로 가득 차 있다.

가상입자를 직접 관측하는 것은 가능하지 않지만 캐시미어 효과와 같은 현상을 통해 가상입자의 영향을 측정할 수 있다. 짧은 거리만큼 떨어져 있는 두 개의 평행한 금속판은 가상입자들에게 거울과 같은 역할을 한다. 금속판 사이의 공간에도 가상입자들이 존재하지만 금속판 사이의 공간에는 파장이 금속판 사이의 간격의 정수 배인 가상입자들만 나타날 수 있다. 따라서 금속판 사이의 공간에는 바깥쪽 공간보다 적은 수의 가상입자만이 나타날 수 있어, 두 개의 금속판에 서로를 접근하게 만드는 압력이 작용한다. 이 힘은 실험을 통해서 실제로 검증되었고 그 값이 이론적으로 예측된 값과 같았다. 캐시미어 효과라고 부르는 이 힘은 가상입자들이 실질적인 효과를 미친다는 실험적 증거이다.

금속판들 사이에 더 적은 수의 가상입자들이 존재한다는 사실은 그곳의 에너지 밀도가 다른 곳보다 낮음을 뜻한다. 금속판에서 멀리 떨어진 평평한 공간의 에너지 밀도는 0이다. 따라서 만약 금속판들 사이의 에너지 밀도가 멀리 떨어져 있는 곳의 에너지 밀도보다 낮기 위해서는 금속판 사이의 공간이 마이너스 에너지 밀도를 가져야 한다. 따라서 우리는 시간 여행을 허용하는 방식으로 시공간을 휘게 할 수 있다는 실험적 증거를 가지게 되었다.

따라서 과학과 기술이 진보하면 언젠가는 타임머신을 만들 수 있으리라는 희망을 가질 수 있다. 그렇다면 과학 기술이 우리보다 크게 진보한 미래에서 현재로 와 타임머신의 제작법을 가르쳐 주는 사람이 없는 이유는 무엇일까? 미래 사회에서 그런 일을 법적으로 금지하고 있는지도 모르지만 인간의 본성이 미래에도 우리와 비슷하다면 미래인들 중 누군가가 법을 어기고 그 비밀을 우리에게 전해 줄 가능성은 충분히 있다. 미확인 비행물체를 미래에서 온 사람들이 타고 온 비행선이라고 주장하는 사람들도 있다.

그러나 미래의 여행객이 실제로 우리를 찾아왔다면 그들은 우리에게 좀 더 확실하게 그들의 존재를 드러냈을 것이다. 그들이 자신들의 정체를 드러내려고 했다면 왜 신뢰할 만한 목격자라고 할 수 없는 사람들에게만 모습을 나타내는 것일까? 우리는 아직 미래의 여행객이 우리를 방문했다는 신뢰할 만한 증거를 가지고 있지 않다.

우리가 미래 세계에서 온 방문객이 없는 것을 설명하는 이론 중 하나는 미래 사람들이 과거에는 시간 여행을 할 수 있는 방식으로 시공간이 휘어지지 않는다는 사실을 알고 있기 때문에 다시 미래로 돌아갈 수 없어 과거로의 시간 여행을 하지 않기 때문이라는 것이다. 따라서 미래 세상 사람들은 시간 여행이 가능한 그들의 미래로만 여행하고 있는지도 모른다.

그러나 시간 여행이 가능해진다면 심각한 문제가 발생할 수 있다. 과거로 여행한 사람이 고조할아버지를 죽인다면 과거로 여행하는 사람 자신이 존재할 수 없게 된다. 우리가 시간 여행을 통해 과거를 바꿔 놓을 수 있다면 이런 모순에 직면하게 될 것이다.

이런 문제를 해결할 수 있는 방법에는 두 가지가 있다. 하나는 일관된 역사 접근이라고 부르는 것으로 시공간이 휘어져 있어서 과거로의 여행이 가능하다고 하더라도 시공간에서 일어나는 일은 물리법칙들이 적용된 결과라는 것이다. 다시 말해 과거로 가서 고조할아버지를 죽이는 것과 같이 현재의 상태와 모순되는 일들은 물리법칙에 위반되는 것이기 때문에 일어날 수 없다는 것이다.

과거로 간다고 해도 기록된 역사를 뒤바꿀 수는 없다. 이것은 우리가 원하는 것을 모두 할 수 있는 자유의지를 가질 수 없다는 뜻이다. 자유의지를 가지고 있다는 것은 사람들이 무슨 일을 할지 예측할 수 없다는 뜻이다. 그러나 모든 것을 지배하는 완전한 물리법칙이 있다면 그 이론은 우리의 행동까지도 결정할 것이다. 따라서 우리가 무슨 일을 할지 예측할 수 있을 것이다. 따라서 시간 여행자는 원하는 일을 마음대로 할 수 있는 자유의지를 가질 수 없을 것이다.

시간 여행의 역설을 해결할 수 있는 또 다른 방법은 대체적 역사 가설이라는 것이다. 이것은 시간 여행자들이 과거로 간다면 그것은 기록된 역사가 아닌 또 다른 역사로 들어가게 된다는 것이다. 따라서 그들은 기록된 역사와 일관되게 행동해야 한다는 속박에서 벗어나 자유롭게 새로운 역사를 만들어 갈 수 있다. 스티븐 스필버그는 『백 투 더 퓨처』라는 영화에서 이 개념을 이용했다. 이 영화의 주인공인 마티 맥플라이는 과거로 돌아가서 아버지와 어머니를 로맨틱하게 연결해 주어 역사로 바꿀 수 있었다.

대체적 역사 가설은 우주가 단일한 역사만을 가지는 것이 아니라 가능한 모든 역사들을 가진 수많은 우주들로 이루어져 있다고 본다. 이런 관점은 파인먼의 역사합산이론과 비슷해 보이지만 실제로는 큰 차이점이 있다. 파인먼의 역사합산에서 한 사건은 시공간 안에서 가능한 모든 역사의 합에 의해 이루어진다.

시공간은 로켓을 타고 과거로 여행할 수 있을 정도로 휘어져 있을 수 있다. 그러나 그 로켓은 동일한 시공간과 동일한 역사에 남아 있어야 하기 때문에 역사가 일관되어야 한다. 따라서 파인먼의 역사합산이론은 대체 역사 가설보다는 일관된 역사 가설에 더 잘 부합한다.

파인먼의 역사합산이론은 미시적 크기에서는 과거로의 시간 여행을 허용한다. 앞에서 우리는 CPT 반전에 의해서 과학법칙들이 불변이라는 이야기를 했다. 이 말은 반시계 방향으로 스핀하면서 A에서 B로 이동하는 반입자를 시계 방향으로 스핀하면서 B에서 A로 시간적으로 거슬러 이동하는 입자로 볼 수 있음을 뜻한다. 마찬가지로 시간적으로 앞으로 나가는 입자는 시간적으로 뒤로 나가는 반입자와 등가이다.

그렇다면 우리는 이런 질문을 던질 수 있다. 양자이론은 사람들이 이용할 수 있는 가시적인 크기에서 시간 여행을 허용하는가? 파인먼의 역사합산이론은 모든 역사를 포괄하므로 과거로의 여행이 가능할 수 있을 정도로 시공간이 휘어져 있는 역사들도 포함해야 한다. 그렇다면 우리가 시간 여행을 이용해 문제를 일으키지 않는 이유는 무엇일까? 누군가가 과거로 돌아가서 나치에게 원자폭탄에 기밀을 누설하는 것과 같은 일을 하지 않는 이유는 무엇일까?

우리는 시간 순서 보호관 가설이라고 부르는 것을 이용해 이런 문제들을 피해갈 수 있다. 이 가설은 물리법칙들이 공모해서 거시적인 물체가 과거로 정보를 나르지 못하도록 금지하고 있다는 것이다. 그러나 이 가설을 뒷받침하는 증거는 없다. 따라서 시간 여행의 가능성은 아직 열려 있는 셈이다.

11. 물리학의 통일

우리는 제한된 범위의 사건들을 기술하는 부분 이론들을 찾아내고, 일부 효과들을 무시하거나 특정한 근삿값을 사용하는 방법으로 과학을 발전시켜 왔다. 그러나 우리의 최종 목표는 모든 부분 이론들을 포괄하는 완전한 통일이론을 찾아내는 것이다. 완전한 통일이론을 찾아내면 우리는 물리학을 통일했다고 말할 수 있을 것이다.

아인슈타인은 통일이론을 찾는 데 만년의 대부분의 시간을 보냈지만 실패했다. 당시에는 중력과 전자기력을 설명하는 부분 이론들이 있었지만 아직 핵력에 대해서는 제대로 알려져 있지 않았다. 게다가 아인슈타인은 양자역학의 발전 과정에서 중요한 역할을 했음에도 불구하고 양자역학을 받아들이려고 하지 않았다. 우리가 살고 있는 우주의 근본적인 특성 중 하나인 불확정성원리를 받아들이지 않았던 아인슈타인은 통일이론을 만드는 데 실패할 수밖에 없었다.

오늘날에는 통일이론에 대한 전망이 훨씬 밝아졌지만 아직 지나친 자신감은 금물이다. 우리는 현재 중력에 대한 부분 이론인 일반상대성이론과 양력과 강력 그리고 전자기력을 기술하는 부분 이론들을 가지고 있다. 마지막 세 가지 부분 이론들은 이른바 대통일이론으로 통합될 수 있을 것이다. 그러나 이 대통일이론은 중력을 포함하지 못하고 있으며, 실험이나 관측을 통해 결정해야 하는 상수들을 포함하고 있어서 불완전하다.

중력을 다른 힘들과 통일시키는 이론을 찾는 과정에서 부딪히는 가장 큰 어려움은 일반상대성이론이 불확정성원리를 포함하고 있지 않다는 데 있다. 반면에 다른 부분 이론들은 본질적으로 양자역학에 의존한다. 따라서 필수적인 첫 번째 단계는 일반상대성이론을 불확정성원리와 결합시키는 것이다. 이것은 검지 않은 블랙홀이나, 특이점을 가지지 않지만 완전히 자기독립적이고 경계가 없는 우주와 같은 상당히 주목할 만한 결과를 낳을 수 있다.

문제는 불확정성원리에 따르면 빈 공간까지도 가상입자와 반입자의 쌍으로 가득 차 있다는 것이다. 이 쌍들은 무한한 양의 에너지를 가질 것이며 따라서 아이슈타인의 유명한 방정식의 의해서 무한한 양의 질량을 가질 것이다. 그러므로 그 중력이 우주를 무한히 작은 크기로 휘어 놓을 것이다.

다른 부분 이론들에서도 나타나지만 이러한 무한들은 재규격화라는 과정을 통해서 해결할 수 있다. 재규격화에 사용되는 수학적 기법은 의심스러운 부분이 많지만 제대로 작동하고 있으며, 이론을 통한 예측치가 실제 관측 결과와 정확하게 일치한다.

불확정성원리를 일반상대성이론과 통합시키기 위한 시도의 하나로 1976년에 초중력이라고 부르는 그럴듯한 해결책이 제안되었다. 이것은 중력을 매개하는 그래비톤이라는 스핀이 2인 입자를 스핀이 3/2, 1, 1/2, 0인 다른 입자들과 결합시킨 것이었다. 초중력 이론의 입자들이 관측된 입자들과 일치하지 않는 것 같다는 사실에도 불구하고 대다수의 과학자들은 초중력이 물리학의 통일을 위한 올바른 방향을 제시했다고 믿었다.

그러나 1984년에 과학자들의 입장은 이른바 끈이론 쪽으로 기울었다. 이 이론은 공간상의 한 점을 차지하는 입자가 아니라 1차원의 끈이 가장 기본적인 단위라고 본다. 이 끈들은 끝을 가질 수 있지만 양쪽 끝이 연결되어서 닫힌 고리를 형성할 수도 있다. 입자는 매 순간 공간상의 한 점을 차지하고 있기 때문에 입자가 지나온 경로는 하나의 선으로 나타내진다. 반면에 끈은 매 순간 공간 속에서 하나의 선을 그리기 때문에, 시공간에서의 끈의 역사는 2차원의 면을 이루는데 이것은 세계면이라고 한다. 열린 끈의 세계면은 긴 띠이며, 이 면의 가장자리는 끈의 양쪽 끝이 시공간을 통과한 경로를 나타낸다. 닫힌 끈의 세계면은 원통을 이룬다. 원통의 단면은 원이며 이것은 특정 시간에서의 끈의 위치를 나타낸다.

2개 끈은 하나로 합쳐져서 단일한 끈이 될 수도 있다. 열린 끈의 경우에는 간단하게 두 끈의 끝이 합쳐지지만 닫힌 끈에서는 바지의 두 가랑이가 하나로 합쳐지는 식으로 결합한다. 마찬가지로 하나의 끈은 두 개 끈으로 분리될 수도 있다. 끈이론에서는 과거에 입자로 취급했던 것들을 끈을 따라서 전달되는 파동으로 취급한다. 입자가 방출되거나 흡수되는 현상은 끈들을 결합시키거나 분리하는 것에 해당한다.

예를 들면 지구에 미치는 태양의 중력을 끈이론에서는 태양을 구성하고 있는 입자가 그래비톤을 방출하고, 지구를 구성하고 있는 입자가 그래비톤을 흡수해서 작용하는 것으로 설명한다. 끈이론에서 이러한 과정은 H 모양의 관의 형태로 나타낸다. H에서 두 개의 양쪽 기둥은 태양과 지구를 구성하고 있는 입자들에 해당하며, 수평 가로대는 지구와 태양 사이를 연결하는 그래비톤을 나타낸다.

끈이론은 1960년대 말에 강한 핵력을 기술하는 이론을 찾던 중에 처음 제안되었다. 그 아이디어에 따르면 양성자나 중성자와 같은 입자들은 끈의 파동과 같은 것으로 간주될 수 있다는 것이다. 그리고 입자들 사이에 작용하는 강한 핵력은 끈들을 이어주는 끈에 해당한다. 이 이론이 입자들 사이에 작용하는 강한 핵력의 측정된 것과 같은 값을 내놓으려면 끈은 약 10톤의 장력을 가진 고무줄과 비슷해야 한다.

1974년 파리의 조엘 셰르크와 캘리포니아공과대학의 존 슈워츠는 끈이론이 중력을 기술할 수 있기는 하지만 그것은 끈의 장력이 약 10^{39}톤이 될 때만 가능하다고 주장하는 논문을 발표했다. 끈이론의 예측들은 일반적인 크기에서 일반상대성이론이 한 예측과 동일하며 10^{33}분의 1센티미터 이하의 경미한 거리만큼만 차이가 난다.

그들의 연구는 별반 관심을 끌지 못했는데 그 이유는 당시 대부분의 사람들이 쿼크와 글루온에 기초한 이론을 더 선호했기 때문이다. 그러나 1984년부터 갑작스럽게 끈이론에 대한 관심이 높아졌다. 그 이유 중 하나는 초중력이 별다른 진전을 보이지 않았기 때문이었고, 다른 하나는 존 슈워츠와 퀸 메리 칼리지의 마이크 그린이 발표한 논문 때문이었다. 이로 인해 많은 사람들이 끈이론에 대한 연구를 시작했고 이형적 끈이라고 하는 새로운 이론이 제안되었다. 이 이론은 우리가 관찰하는 종류의 입자를 설명할 수 있을 것처럼 생각되었다.

그러나 끈이론은 해결하기 어려운 문제를 가지고 있다. 이 이론은 시공간이 우리에게 친숙한 4차원이 아니라 10차원이나 26차원일 때에만 모순이 없이 관측 결과들을 설명할 수 있는 것처럼 보인다. 우리에게 익숙한 4차원 외에 여분의 차원들이 정말로 있다면 왜 우리는 그런 차원들을 알아차리지 못하는 것일까? 왜 우리는 공간의 3차원과 시간의 1차원밖에 인지할 수 없는 것일까?

여기에 대한 설명은 4차원을 제외한 여분의 차원들이 20^{30}분의 1센티미터의 불과한 작은 크기의 공간 안으로 말려 있다는 것이다. 이것은 너무나 작아서 우리로서는 알아차릴 수 없다. 따라서 우리는 단지 시간의 1차원과 공간의 3차원밖에 인식할 수 없다.

그렇다면 또 다른 중요한 물음이 제기된다. 왜 전부가 아니라 일부 차원들만 아주 작은 크기로 말려 있게 되었을까? 어쩌면 탄생 직후의 우주에서는 모든 차원들이 극도로 휘어 있었을지도 모른다. 그렇다면 왜 시간의 1차원과 공간의 3차원은 많이 평평하게 펴지고 나머지 차원들은 여전히 극도로 휘어져 있는 것일까?

인류원리에서 한 가지 그럴듯한 대답을 찾을 수 있다. 2차원 공간에서는 우리와 같은 복잡한 생명체가 나타날 수 없기 때문이라는 것이다. 예를 들면 2차원 지구 위에 사는 2차원 동물이 지나칠 때면 서로를 통과해야 할 것이다. 2차원 동물이 먹이를 먹으면 그것을 소화시키지도 못하고 처음에 삼켰던 방식대로 다시 입으로 토해내는 도리밖에 없다. 그 동물의 몸에 몸 전체를 통과하는 소화관이 있다면 그 소화관이 2차원 동물을 둘로 나누어 놓을 것이기 때문이다.

3차원 이상의 차원을 가질 경우에는 두 물체 사이에서 작용하는 중력이 3차원에서보다 거리에 따라서 더 빨리 줄어들 것이다. 그렇게 되면 지구처럼 태양을 공전하는 행성들의 궤도가 불안정해질 것이다. 따라서 원 궤도에서 발생하는 아주 작은 요동으로도 지구는 나선을 그리며 태양으로부터 멀어지든가 또는 가까워질 것이다. 실제로 3차원 이상의 차원에서 거리에 따라서 나타나는 중력의 이런 변화로 인해 태양의 중력과 압력 사이에서 균형을 유지하는 안정된 상태를 계속할 수 없을 것이다. 전자가 원자핵 주위를 돌게 하는 전기력에도 중력과 비슷한 변화가 나타날 것이다.

따라서 우리가 알고 있는 생물체는 시간의 1차원과 공간의 3차원이 작은 크기로 말려 있지 않은 시공간의 영역에서만 존재할 수 있다. 끈이론이 다양한 종류의 우주가 존재할 가능성을 허용한다면 우리가 사는 우주가 4차원인 것을 인류원리로 설명할 수 있음을 뜻한다.

끈이론이 가지고 있는 또 다른 문제는 끈이론의 종류가 최소한 네 가지나 되며 끈이론이 예견하는 추가 차원들이 말려져 있는 방식이 수백만 가지나 된다는 점이다. 그렇다면 하나의 끈이론 그리고 추가 차원들이 감겨진 한 가지 방식만이 선택되어야 하는 까닭은 무엇인가? 얼마 동안 이 물음에 대해서는 아무런 대답이 주어지지 않았고, 이론적 진전은 수렁에 빠진 것처럼 보였다.

그런데 1994년부터 사람들은 이중성이라는 개념을 발견하기 시작했다. 다양한 끈이론과 추가 차원들이 감겨진 다양한 방식들이 4차원에서 동일한 결과로 이어질 수 있다는 것이다. 게다가 공간상에서 하나의 점을 차지하는 입자와 선에 해당하는 끈들만이 아니라 공간에서 2차원 또는 그 이상의 고차원을 점하는 p-브레인이라는 다른 대상이 발견되었다. 과학자들은 초중력이론, 끈이론, p-브레인이론들은 서로 어울릴 수 있으며 어느 하나가 다른 이론들보다 더 근본적이라고 말할 수는 없다고 생각하고 있다. 이 이론들은 근본적인 이론에 대한 각기 다른 근사처럼 보인다.

과학자들은 이 근본적인 이론을 찾으려고 애써 왔지만 아직 아무도 성공을 거두지 못하고 있다. 어쩌면 근본적인 이론이 하나의 공식으로 나타내지지 않을지도 모른다. 그것은 어쩌면 지도와 같은 것일 수도 있다. 한 장의 지도로 지구의 표면을 모두 나타낼 수는 없다. 지구 표면을 모두 나타내려면 최소한 2장의 지도가 필요하다. 이때 각각의 지도는 제한된 영역에서만 유효하며 서로 다른 지도들에는 중첩되는 영역이 있을 것이다. 이 지도들을 모두 모으면 표면에 대한 완전한 표현을 얻을 수 있다. 마찬가지로 물리학에서도 다른 상황들에 대해서 다른 공식들을 사용하지만 두 공식은 공통으로 적용이 가능한 상황들에서는 일치할 것이다. 이런 경우 서로 다른 공식들의 집합 전체를 하나의 완전한 통일이론으로 간주할 수 있을 것이다.

그러나 정말로 그러한 통일이론이 존재할까? 혹시 우리가 신기루를 쫓고 있는 데 지나지 않는 것은 아닐까? 여기에는 세 가지 가능성이 있다

1. 실제로는 완전한 통일이론이 존재하고, 우리가 언젠가는 그 통일이론을 발견하게 될 것이다.
2. 우주의 궁극적 이론 따위는 없으며, 우주를 점점 더 정확하게 기술하는 무수히 많은 이론들이 있을 뿐이다.
3. 우주에는 어떤 이론도 없고, 사건들은 무작위적인 방식으로 일어나기 때문에 어느 한계 이상 예측은 불가능하다.

과학의 특성과 목적을 생각한다면 세 번째 가능성은 쉽게 목

록에서 제거할 수 있다. 점점 더 정교해지는 무한히 많은 식이 존재할 것이라는 두 번째 가능성은 우리의 경험과 잘 일치한다. 다양한 과학 분야에서 측정 방법을 개선하거나, 새로운 유형의 관측 방법을 발전시켜 왔다. 그리고 새롭게 발견된 현상들을 설명하기 위해 좀 더 진전된 새로운 이론을 개발해 왔다.

그런데 중력이 이런 식의 연속에 제한을 가하는 것으로 보인다. 플랑크 에너지라고 부르는 10^{19}기가전자볼트 이상의 에너지를 가진 입자가 있다면 그 질량이 너무 압축되어 있어서 우주의 다른 부분들로부터 분리되어 작은 블랙홀을 형성하게 될 것이다. 그러므로 점점 더 정교해지는 이론들은 에너지가 높아지면 어떤 한계에 도달하게 된다. 이렇게 되면 우주의 어떤 궁극적 이론이 존재할 여지가 생기는 셈이다.

우주의 궁극적 이론을 발견한다면 과연 그것은 무엇을 의미할까? 통일이론이 수학적으로 모순되지 않고 항상 관측과 일치하는 예측을 한다면 우리는 그 이론이 옳다고 확신할 수 있을 것이다. 그렇게 되면 우주를 이해하기 위해서 벌인 인류의 지적 투쟁이 종말을 고할 것이다. 그런 이론은 우주를 지배하는 법칙들에 대한 일반인들의 이해에도 큰 변화를 가져올 것이다.

완전한 통일이론이 발견된다면 그 이론을 학교의 교과과정에서 다루게 될 것이다.

그러나 우리가 완전한 통일이론을 발견한다고 하더라도 모든 사건들을 예측할 수는 없을 것이다. 양자역학의 불확정성원리가 우리의 예측력을 제한하기 때문이고, 통일이론의 방정식을 풀어 해를 구하는 것이 매우 어려울 것이기 때문이다. 지금까지 우리는 수학적인 방법으로 인간의 행동을 예측하는 데 실패해 왔다. 따라서 설령 우리가 기본법칙들의 완전한 집합을 발견한다고 하더라도 해를 구하는 더 나은 방법들을 개발해야 하는 과제는 여전히 남아 있을 것이다.

12. 결론

우리는 다음과 같은 의문을 가지고 살아가고 있다. 우주의 본질은 과연 무엇인가? 우주와 우리는 어디에서 왔는가? 우주가 지금과 같은 모습을 하고 있는 까닭은 무엇인가? 이러한 물음들에 대답하기 위해서 우리는 특정한 세계관에 의존한다. 평평한 지구를 떠받치고 있는 무한한 거북이들이나 끈이론은 그런 세계관들 중 하나이다. 끈이론이 거북이이론보다 좀 더 과학적인 이론이기는 하지만 두 이론 모두 우주를 설명하는 이론이다. 그러나 두 이론은 모두 충분한 관측 증거를 가지고 있지 않다. 아직 아무도 지구를 등에 얹고 있는 거대한 거북이들을 보지 못했으며, 세상을 이루고 있는 가장 작은 단위인 끈을 본 사람도 없다.

우주를 설명하는 가장 오래된 이론적 시도는 모든 자연 현상이 초자연적인 능력을 가지고 있는 영적인 존재에 의해서 이루어진다고 설명하는 것이었다. 이러한 영적 존재는 강이나 산과 같은 자연, 그리고 해나 달과 같은 천체에 거주한다고 생각했다. 그러나 사람들은 차츰 자연 현상에서 규칙성을 깨닫기 시작했다.

처음에는 이러한 규칙성이 천문학과 같은 특정한 부분에서만 뚜렷하게 관측되었지만, 지난 300년 동안에는 많은 자연 현상들에서 규칙성과 법칙들이 발견되었다. 이러한 법칙들이 거둔 괄목할 만한 성공에 힘입어 19세기 초에 라플라스는 과학적 결정론을 주장했다. 그는 어느 순간의 우주의 상태를 정확하게 알기만 하면 그 이후의 우주의 전개 과정을 정확하게 결정하는 법칙들의 집합이 존재할 것이라고 주장했다. 신은 우주가 어떻게 출발하고 어떤 법칙에 따라야 하는지를 선택할 수 있지만, 일단 우주가 시작된 후에는 개입하지 않는다는 것이다.

20세기 초에 완성된 양자역학의 불확정성원리는 입자의 위치와 속도를 동시에 정확하게 측정할 수는 없음을 나타낸다. 양자역학에서는 입자들의 상태를 파동함수를 이용해서 다루고 있다. 양자이론을 이용하면 시간의 흐름에 따라 파동이 어떻게 전개될 지를 예측할 수 있다. 따라서 양자역학은 결정론적이라고 할 수 있다. 다시 말해 어느 순간의 파동을 알면 그 밖의 모든 시간에서의 파동을 계산할 수 있다.

그러나 입자의 위치와 속도를 정확하게 결정하려고 하면 불확정성원리에 의한 예측 불가능성이 나타난다. 따라서 양자역학의 결정론은 완전한 결정론이라고 할 수 없다. 따라서 우리는 과학의 목적을 불확정성원리에 의해서 주어진 한계 안에서 사건들을 예측할 수 있게 하는 법칙들을 발견하는 것으로 다시 정의해야 한다. 그런 경우에도 다음과 같은 의문은 남는다. 우주의 법칙들과 초기상태는 어떻게 선택되었고 또한 그렇게 선택된 까닭은 무엇인가?

자연에 존재하는 네 가지 힘들 중에서 가장 약하면서도 우주의 큰 구조를 만드는 데 관여하는 힘은 중력이다. 중력이 인력으로만 작용한다는 사실은 우주가 팽창하거나 수축하거나 둘 중 하나여야 함을 나타낸다. 일반상대성이론에 따르면 우주에는 밀도가 무한대인 빅뱅 특이점이 존재했어야 한다. 빅뱅은 시간의 출발점이었다. 빅뱅 특이점에서는 모든 법칙들은 무너지게 된다. 따라서 신은 그 특이점에서 어떤 일이 일어나는지, 그리고 우주가 어떻게 시작되는지에 대해서 여전히 선택의 자유를 가질 것이다.

　양자역학과 일반상대성이론을 통합하면 우주가 특이점이나 경계가 없는 유한한 4차원 공간으로 이루어져 있을 가능성이 있다. 이렇게 되면 큰 크기에서의 균일성, 그리고 은하나 별 심지어 인간과 같은 구조를 가능하게 한 작은 크기에서의 비균질성과 같은 우주에서 관측된 사실들을 모두 설명할 수 있을 것이다. 그리고 우리가 관찰하는 시간의 화살도 설명할 수 있다.

　통일이론이 방정식들의 집합에 불과할 수도 있다. 그 방정식들이 나타내는 우주는 어떻게 존재하게 되었을까? 수학적 모형을 구축하는 일상적인 과학의 접근 방법으로는 그러한 모형이

기술하는 우주가 왜 존재해야 하는가 하는 물음에 대한 답을 얻을 수 없다. 통일이론은 우주의 탄생을 설명할 수 있을 만큼 완전한 이론일까? 아니면 통일이론도 우주의 창조자를 필요로 할까? 그렇다면 그 창조자는 누가 창조했을까?

과학자들은 우주에서 관측된 현상들을 설명하는 이론을 개발하는 데 주력한 나머지 우주가 왜 존재하는가 하는 물음을 제기할 여유를 갖지 못했다. 그리고 왜라는 질문을 던지는 것이 직업인 철학자들은 과학 이론의 진전을 따라잡을 수가 없었다. 19세기와 20세기에 과학은 지나치게 전문적이고 수학적인 것이 되어버렸다. 자신들의 연구 범위를 크게 축소시킨 철학자들은 철학의 남겨진 유일한 임무는 언어분석뿐이라고 말하기까지 했다.

그러나 완전한 통일이론을 발견한다면 소수의 과학자들뿐만이 아니라 모든 사람들이 폭넓은 원리로서 그 이론을 이해할 수 있게 될 것이다. 그렇게 되면 철학자와 과학자를 포함하여 우리 모두가 우리 자신과 우주가 왜 존재하는가라는 문제를 놓고 함께 토론할 수 있을 것이다.

[세창명저산책]

세창명저산책은 현대 지성과 사상을 형성한 명저를 우리 지식인들의 손으로 풀어 쓴 해설서입니다.

· 세창명저산책은 계속 이어집니다.